올인원
다이어트 레시피

한 권으로 끝내는 맛있는 다이어트 요리의 모든 것

요리 **김상영** | 영양 **김은미**

길벗

올인원
다이어트 레시피
ALL-IN-ONE DIET RECIPE

초판 발행 · 2017년 4월 7일
초판 2쇄 발행 · 2017년 6월 12일
개정판 발행 · 2020년 10월 23일

지은이 · 김상영, 김은미
발행인 · 이종원
발행처 · (주)도서출판 길벗
출판사 등록일 · 1990년 12월 24일
주소 · 서울시 마포구 월드컵로 10길 56(서교동)
대표전화 · 02)332-0931 | **팩스** · 02)323-0586
홈페이지 · www.gilbut.co.kr | **이메일** · gilbut@gilbut.co.kr

책임편집 · 민보람(brmin@gilbut.co.kr) | **제작** · 이준호, 손일순, 이진혁
영업마케팅 · 한준희 | **웹마케팅** · 이정, 김진영 | **영업관리** · 김명자 | **독자지원** · 송혜란, 홍혜진

진행 · 김소영 | **사진** · 권오경, 박종훈, 이원엽 | **요리 및 스타일링 어시스트** · 최지현, 이빛나리, 장연지
칼로리 계산 · 김하영 | **디자인** · 2X2, 박찬진 | **교정교열** · 이완숙 | **CTP 출력 · 인쇄** · 두경m&p | **제본** · 경문제책

ISBN 979-11-6521-302-2(13590)
(길벗 도서번호 020175)

정가 **19,800원**

독자의 1초를 아껴주는 정성!

세상이 아무리 바쁘게 돌아가더라도
책까지 아무렇게나 빨리 만들 수는 없습니다.
인스턴트 식품 같은 책보다는
오래 익힌 술이나 장맛이 밴 책을 만들고 싶습니다.

땀 흘리며 일하는 당신을 위해
한 권 한 권 마음을 다해 만들겠습니다.
마지막 페이지에서 만날 새로운 당신을 위해
더 나은 길을 준비하겠습니다.

독자의 1초를 아껴주는 정성을
만나보십시오

일러두기

01
따라 하기만 하면 살이 빠지는 식단 공개

책에 소개된 요리를 바탕으로 아침, 점심, 저녁 삼시 세끼를 식단으로 구성했습니다. 일주일간 따라 하면 본인의 목적에 맞게 몸이 가벼워지는 레시피를 제일 앞쪽에 배치했습니다.

02
계량 도구, 재료 손질법

책에 소개된 레시피에 필요한 계량법과 기초 재료 손질법을 자세하게 설명해두었습니다. 다이어트 레시피이기 때문에 계량스푼과 계량컵을 사용해 조리하는 것을 추천합니다.

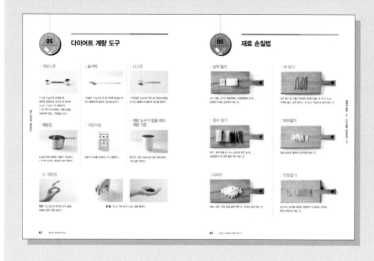

03
다이어트 요리의 기본

밥 짓기, 건강한 양념 만들기, 일반 다이어트 요리 노하우 등을 앞쪽에 실어 초보 다이어터도 쉽게 다이어트 요리를 따라 만들 수 있도록 했습니다.

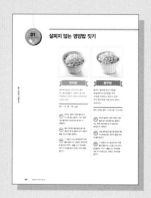

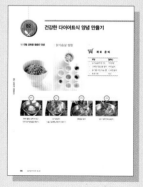

몸에 좋고 맛도 좋은 건강한 다이어트 레시피를 소개합니다.
한 끼 분량으로 준비했습니다.

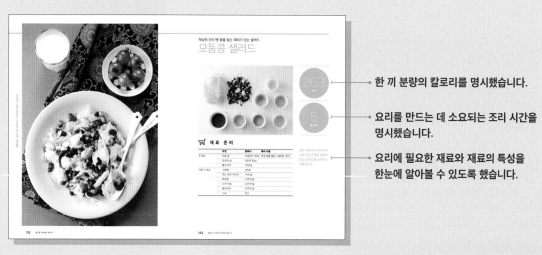

한 끼 분량의 칼로리를 명시했습니다.

요리를 만드는 데 소요되는 조리 시간을
명시했습니다.

요리에 필요한 재료와 재료의 특성을
한눈에 알아볼 수 있도록 했습니다.

다이어트 팁과 놓치지 말아야 할
요리 팁을 지면 곳곳에 담았습니다.

시원스러운 사진 배치로 다이어트 음식을
만드는 과정을 생생하게 담았습니다.

미리 알려 드립니다.

- 본 책에 소개된 식단뿐 아니라 다양한 레시피를 활용해 내게 가장 잘 맞는 다이어트 식단을 만들어서 활용하세요.
- 각 가정에서 사용하는 조리 도구나 화력 등이 다를 수 있기 때문에 조리 시간은 차이가 날 수 있습니다.
- 이 책의 계량법은 체크에 소개된 계량 도구를 기준으로 작성되었습니다. 요리를 시작하기 전 참고하시기 바랍니다.
- 본 책에 등장하는 조리 도   구나 식기류는 촬영을 위해 연출된 사진이므로 실제 사용하는 것과 다를 수 있습니다.
- 본 책에 명시된 칼로리는 조리 환경이나 방법에 따라 차이가 있을 수 있습니다.

목차

PART 01

**몸이 가벼워지는
주스 & 스무디**

PART 02

**포만감을 높여주는
다이어트 밸런스 샐러드**

PART 03

예쁘고 건강하게!
샌드위치 & 핑거푸드 도시락

PART 04

바쁘다고 굶지 마세요!
저칼로리 한 그릇 요리

PART 05

미리 만들어두는
다이어트 건강 반찬

혼자 밥 먹는 것, 이른바 '혼밥'이 유행인 요즘 간편하고 맛있게 한 끼를 때울 수 있는 방법은 참 많습니다. 그러나 아이러니하게도 집밥을 만들어 먹는 것 또한 트렌드이지요. 인스턴트나 배달 음식은 간편하지만 매일 먹으면 몸에 좋지 않은 영향을 끼치기도 하고 지겹기도 합니다. 그래서 간단한 요리라도 집에서 직접 만들어 먹으려고 마음먹지만 막상 어떻게 만들어야 할지 막막한 게 현실입니다. 게다가 여러 가지 영양소가 골고루 함유된 한 끼 식사를 만들기란 더욱 쉽지 않지요.

사실, 요리를 15년 이상 해온 저도, 제때에 끼니를 제대로 챙기지 못해 건강을 해친 적이 있어요. 일을

식사량을 현저히 줄였어요. 물론 효과가 극적이기는 했습니다. 처음에는 몸무게의 변화가 두 눈으로 확인되니 더더욱 안 먹는 것에 열중하게 되었죠. 그렇게 여러 날이 흐르다 보니 점점 체중의 변화가 더디어지고, 저도 적게 먹는 것에 한계를 느끼게 되었습니다. 결정적으로 가장 힘들었던 점은 바로 맛있는 음식을 눈앞에 놓고 먹지 못한다는 점이었어요.

이때부터 저는 적당량의 식사를 하면서 뇌에는 포만감을 전달할 수 있는 요리를 만들어 먹기 시작했습니다. 그러자 처음에는 조금 체중이 느는 듯했지만 시간이 지날수록 천천히 체중이 줄어들면서 일정량 이상 먹으면 배가 더부룩해져 스스로 식사를 멈추게

저자의 말

건강하고 맛있는 한 끼 식사를 만들어 즐겁게 다이어트 해보세요.

김상영 푸드스타일리스트 & 요리연구가

하다 보면 제시간에 식사를 하지 못할 때도 많고, 요리하는 중간에 자신이 먹을 식사를 만드는 시간이 너무나 아까워 배달 음식과 온갖 패스트푸드로 식사를 대신하는 일이 허다했습니다. 그러다 보니 몸이 비정상적인 리듬을 가지게 되었고, 조금만 먹어도 살이 찌는 전형적인 현대인의 비만화 과정을 그대로 겪었죠. 물론 거기에 스트레스가 쌓이고 제대로 휴식을 취하지 못한 이유도 더해져 배가 불러도 계속 먹고 있는 자신의 모습을 인지하고 흠칫 놀랄 때가 많았어요.

그러던 어느 순간, 더 이상 건강을 해치지 않으려면 내 몸을 위해 요리를 해야겠다는 생각이 들었습니다. 누구를 위해 만들어주는 요리보다 '내가 먹고 건강해질 수 있는 요리'를 하는 것이 더 중요하다고 뒤늦게 깨달은 것이지요. 저는 다이어트를 시작할 때

되었습니다.
이 책은 그런 경험을 바탕으로 제가 직접 먹는다는 생각으로, 건강하게 체중을 관리하면서도 맛있게 먹을 수 있는 요리들로 구성했습니다. 가능하면 다양한 요리와 조리법을 제시해 먹는 것이 단조로워 다이어트를 포기하는 일이 없도록 최선을 다했습니다. 또 너무 양념을 쓰지 않고 요리하는 것보다 **적당한 양념과 재료 자체의 맛으로 입맛을 돋우면서 다양한 영양소를 균형 있게 골고루 섭취할 수 있도록 구성했습니다.**

무엇보다 중요한 것은 결단과 의지입니다. **소중한 나를 위해 지금부터라도 건강하고 맛있는 한 끼 식사를 만들어 즐겁게 식사하며 다이어트를 해보세요.** 서서히 변해가는 자신의 모습에 언젠가는 흐뭇한 미소를 짓게 될 거예요.

다이어트를 하고 싶은 사람은 많지만 막상 하려고 하면 어렵게만 느껴지는 게 사실입니다. 어디서부터 어떻게 해야 빨리 다이어트 효과를 볼 수 있을지 여러 가지 다이어트 방법을 두고 고민하게 되지요. 먹고 싶은 욕구, 쉬고 싶은 욕구는 상냥하시만 다이어트는 이런 욕구를 거스르는 꾸준한 노력이 필요한 행동입니다. 그렇기에 다이어트에 도전하는 여러분의 용기에 먼저 박수를 보내고 싶습니다.

많은 다이어트 프로그램을 진행하며 영양 상담을 해보면, 운동은 걷고 뛰고 하면 될 것 같은데, 식단 관리는 어떻게 해야 하는지 막막하다는 분이 많습니다. 전문 업체의 다이어트 식단을 이용하면 편하긴 한데

가능한 '나에게 맞는 건강한 식사법'을 알아가는 과정이라고 할 수 있습니다. 여러분은 어떤 식사 취향을 가지고 있나요? 칼로리는 참고만 하고 매끼 필요한 영양소를 쏙쏙 담아 다이어트하세요.

닭가슴살만 먹는 다이어트는 그만

다이어트 식단은 특정 영양소를 배제하거나 특정 식품에 의존하는 환자 식단이 아닙니다. 온 가족이 함께 식사해도 손색없는 건강한 식단입니다. 탄수화물, 단백질, 지방, 섬유소, 비타민, 무기질 등 영양소가 골고루 든 건강하고 맛있는 식단으로 다이어트해도 살은 빠집니다. <u>다이어트는 잘 먹는</u>

다이어트,
이제는 칼로리가 아닌
영양소 구성에 집중하세요.

김은미 영양사 / 영양 컨설턴트

너무 비싸서 못 하겠고, 무작정 안 먹을 수도 없는 노릇입니다. 인터넷 검색을 통해 모 연예인의 10kg 식단법, 바나나 다이어트나 식소 다이어트, 한약 다이어트 등 특정 식품이나 약을 먹고 살을 뺐다는 이야기에 의존한다는 분들을 보며 안타까웠습니다.

처음 영양 상담을 시작할 때 "진짜 이렇게 해서 살이 빠져요? 안 먹어도 안 빠지는데 어떻게 먹으면서 살을 빼요?"라며 의아해하지만 약속한 다이어트 기간 동안 필자가 제안한 방법대로 실천하고 결과적으로 살이 빠지고 나면 다이어트 식단에 대한 개념이 달라졌다고 말하는 분이 많습니다. '다이어트 식단'이란 개인의 취향이 반영된 건강한 식사법을 말합니다.

<u>자신이 먹는 음식 전체를 바꾸는 것이 아니라 잘못된 부분은</u> <u>절제하고 잘하고 있는 부분은 강화해 장기적으로 실천이</u>

<u>방법을 아는 것이지 특정 식품에 집착하거나 안 먹어서 영양</u> <u>불균형을 초래하는 것이 아니라는 사실을 꼭 기억하세요!</u> 빵을 먹어도 고기를 먹어도 건강한 레시피라면 다이어트가 가능합니다.

나만의 다이어트 식단을 만드세요

다이어트 식단은 자신이 무엇을 얼마만큼 어떻게 먹고 있는지를 파악하는 것에서 시작합니다. 다이어트 식단, 레시피의 칼로리만을 알려주고 따라 하라는 것이 아니라, <u>다이어트 식단에 필요한 기본적인 영양학적 정보부터 자신의 식사 패턴을 분석하고 자신에게 맞는 맞춤 식단을 만드는 방법까지, 다이어트 영양 관리의 'A to Z'를 소개했습니다.</u> 이 책을 처음부터 끝까지 읽고 무작정 따라 하다 보면 어느새 여러분도 다이어트 영양 관리 전문가가 되어 있을 것입니다.

비만이 되는 경우 파악하기

다이어트 필살기

식사 습관과 성인 비만

① 식사 시간

식사 후 소화 흡수 과정에 사용되는 에너지는 아침에 높고 저녁에 낮기 때문에 같은 음식이라도 저녁에 먹으면 열로 소모되는 에너지가 그만큼 적어 여분의 에너지가 저장됩니다. 따라서 저녁에 한꺼번에 다량의 음식을 먹거나 야식을 많이 먹으면 비만이 되기 쉽습니다.

② 식사 횟수

- 식사는 1일 3회 규칙적으로 분배하여 먹으며, 식사 시간은 항상 일정하게 합니다. 소량의 식사를 여러 번 하면 배고픈 상태에서 과식하는 일이 적어지며 식사 후 소화 흡수 과정에 사용되는 에너지가 많아집니다.
- 하루에 한두 끼만 먹으면 과식하기 쉬우며, 공복 시간이 길어지면 이로 인해 기초대사량이 저하되어 몸에서 사용하는 에너지가 줄어들게 되고, 여분의 에너지는 지방으로 저장됩니다.

③ 식사 속도

- 체중 과다인 사람은 정상인에 비해 식사 속도가 빠른 것이 특징입니다.
- 포만감을 느끼기 위해서는 20분 정도가 필요하며 천천히 식사하면 포만 신호가 뇌로 전달되어 배부름을 느끼게 되는데, 빨리 먹는 사람은 포만감을 느끼지 못해 계속 많은 양의 식사를 하게 됩니다.

④ 야식 증후군

하루 섭취하는 칼로리의 최소 25% 이상을 저녁 식사 이후 다음 날 아침까지 섭취하는 경우를 말하며, 비만한 사람에게서 흔히 볼 수 있는 섭식장애의 한 종류입니다.

여성 비만과 남성 비만

① 여성 비만

다이어트 실패의 반복

식사량을 줄이면 우리 몸은 기초대사량을 감소시켜 에너지를 절약하게 되는데, 반복적인 다이어트는 에너지를 덜 사용하는 상태의 몸을 만들고 기초대사량이 지속적으로 낮아져 비만이 되기 쉽습니다. 그러므로 안 먹는 다이어트가 아닌, 식습관을 건강하게 개선해 다이어트하는 것이 중요합니다.

폐경

에스트로겐의 감소로 신체의 열량 소모가 감소하고 기초대사량이 저하되어 지방 축적이 용이해집니다. 특히 복부에 지방 축적이 많이 일어나 만성 질병의 위험이 증가하므로 폐경 이후에는 폐경 이전보다 식사량을 줄여야 이전 체중을 유지할 수 있습니다.

임신 중의 과잉 영양

임신 초·중기에는 하루 150kcal, 중·후기에는 350kcal만 더 섭취해도 영양 공급이 충분합니다. 임신 중 체중이 너무 많이 증가하면 정상 분만이 어렵고 임신중독의 위험이 증가될 수 있습니다.

② 남성 비만(식상인 비만)

잦은 회식

- 술은 지방과 비슷한 열량을 내지만(1g=7kcal) 칼로리만 있고 실제 영양소는 없는 엠프티 칼로리식품(Empty Calorie Food)입니다.

- 꼭 술을 마셔야 한다면 알코올 도수가 낮은 주류를 선택합니다(알코올 도수 4~5% 정도의 맥주를 선택하고, 소주는 15~16% 정도의 낮은 도수를 선택).
- 안주 때문에 비만이 되는 경우가 많으므로 주의합니다.

잦은 외식

- 외식은 대부분 지방과 설탕이 많이 들어 있고 자극적이며 맛이 있어 과식하기 쉽습니다.

야간 근무

- 직장인은 저녁 시간에 라면, 떡볶이 등의 분식을 섭취한 뒤 귀가하여 집에서 저녁 식사를 하는 경우가 많습니다.
- 저녁 식사 시간에는 간식보다 정식으로 식사하고, 퇴근 후 허기가 진다면 과일이나 저지방 우유 1잔 정도로 간단하게 먹고 취침합니다.

불규칙한 식사 습관

- 야식을 먹으면 아침에 입맛이 없어 식사를 거르거나 간단하게 먹고 점심을 과식 하는 경우가 많습니다.
- 오랜 공복 후에는 섭취하는 칼로리가 지방으로 저장되는 과정이 촉진되므로 주의합니다.

STEP 02
다이어트 이해하기

다이어트는 여행과도 같습니다. 설레는 마음으로 목적지를 정하고 계획도 꼼꼼히 세웁니다. 하지만 어떤 과정을 겪느냐에 따라 즐거웠거나 또는 힘들었던 추억으로 남을 수 있습니다. 최근 남녀노소 할 것 없이 외모에 대한 관심이 높아지면서 다이어트에 대한 관심도 함께 높아지고 있습니다. 문제는 제대로 검증된 정보가 부족한 상황에서 유행하는 다이어트 방법이나 연예인이 성공했다는 다이어트 노하우를 따라 하는 사람이 많다는 것입니다. 이렇게 무작정 따라 하는 다이어트를 시작하면 초반에는 체중 감량에 성공한 듯하지만 얼마 지나지 않아 원래 체중으로 돌아오기 쉽습니다. 최악의 경우에는 무리한 다이어트로 인해 영양소의 공급이 균형을 이루지 못해 부작용을 겪으며 건강이 악화되기도 합니다. 그렇다면 당당한 나를 찾기 위한 '현명한 다이어트는' 어떻게 해야 할까요?

2 Plan
실천 가능한 계획 세우기

'한 달에 OOkg 감량!'이라는 말에 현혹되지 마세요. 무리하게 세운 목표는 쉽게 포기하고 좌절하게 만듭니다.
체중 감량의 목표도 중요하지만 자신의 환경에 맞는, 실천 가능한 생활 습관과 목표를 설정하는 것이 더 중요합니다. 예를 들어 '나는 너무 안 움직여'라고 생각했다면 '출퇴근할 때 한 정류장 먼저 내려 걷기' 라는 행동 목표를 세우고 실천해보세요. 그리고 실천했다면 자신을 칭찬해주세요. 할 수 있다는 자신감은 자아 존중감을 향상시켜 다이어트 목표를 실현할 수 있도록 힘이 되어줍니다.

1 Understand
나에 대해 이해하기

여러분은 실험용 쥐가 아닙니다. 무분별한 다이어트 정보를 무작정 자신의 몸에 적용하기보다는 먼저 자신에 대해 이해하는 시간을 가져보세요.
다이어트를 시작하기 전에 반드시 자신의 상태(식습관, 활동량, 식품 섭취 패턴 등)를 점검하고 자신만의 다이어트 목표와 계획을 세워야 합니다. 예를 들어 일주일 동안 자신이 섭취하는 음식을 꾸준히 기록해보세요.
그리고 자신이 얼마나 움직이고 있는지도 함께 점검하세요. 자신의 행동을 파악하면 무엇이 문제인지 알게 되고 그에 따른 행동 목표를 설정할 수 있습니다.

3 Balance
적당히, 골고루, 제때에

우리 몸은 음식 섭취를 통해 열량 영양소(탄수화물, 지방, 단백질)를 공급 받아 에너지를 얻고 체온 조절, 호흡, 혈액순환 등 생명 유지에 필요한 신진대사 기능과 다양한 활동을 하기 위해 에너지를 소비합니다. 이렇게 섭취하는 에너지와 소비하는 에너지가 균형을 이룰 때 목표 체중에 도달할 수 있습니다. 우리 몸은 본능적으로 다양한 호르몬의 작용에 따라 항상성을 유지합니다. 특별한 다이어트 방법을 찾으려 하기보다 우리 몸의 항상성을 유지하기 위한 '밸런스(balance)'에 집중하세요. '적당히, 골고루, 제때에' 이 '3원칙'을 지키면 건강하고 효과적인 다이어트를 할 수 있습니다.

'나는 비만일까?'

대부분의 사람들은 '비만'을 '체중이 많이 나가는 상태'라고 생각합니다. 하지만 체중을 이루는 체성분 중 근육량이 많은 사람도 체중이 많이 나갈 수 있으므로, 실제로 '비만'은 '체내 지방조직이 과다한 상태'로 정의합니다. 비만의 원인은 유전적 요인, 환경적 요인, 에너지 대사 이상 등이 있습니다. 유전적으로 기초대사량이 낮은 사람은 동일한 양의 음식을 먹어도 체지방으로 전환되는 비율이 정상인보다 높아 비만이 될 수 있고, 운동이나 활동 부족으로 인해 섭취하는 칼로리가 소비하는 칼로리보다 높은 사람의 경우 여분의 칼로리가 체지방 형태로 몸에 축적되어 비만이 될 수 있습니다. 세계보건기구(WHO)에서는 비만을 체질량 지수(Body Mass Index, BMI)로 평가하고 있으며(우리나라의 경우 아시아-태평양 기준 참고), 체질량 지수가 비슷하더라도 체지방 분포가 어디에 더 집중되어 있느냐에 따라 비만 형태를 구분할 수 있습니다.

- 비만도 평가: BMI 25 이상(남녀 동일)일 때 **'비만'**
  BMI = 현재 체중(kg) ÷{키(m)×키(m)}
- 체지방 평가: 체지방률 남자 20% 이상, 여자 25% 이상일 때 **'과다 체지방'** (체성분 측정 기기로 측정)
- 허리둘레 평가: 남자 90cm 이상, 여자 85cm 이상일 때 **'복부 비만'**

과다 체지방, 비만 또는 복부 비만의 경우 건강위험도가 증가하므로 만약 비만과 관련된 동반 질환(당뇨, 고혈압, 이상지질혈증 등)이 있다면 체중을 감량하는 것이 무엇보다 중요합니다.

가짜 배고픔에 속지 말자, 배고픔과 포만감을 조절하는 호르몬

"배고프다." "배부르다." 우리는 이 말을 하루에도 몇 번씩 하게 됩니다. 배고프면 먹으면 되고 먹다가 배부르기 전에 숟가락을 놓으면 되는데, 다이어트를 하는 사람에게는 이것이 왜 그렇게 힘들까요? 그 이유는 배고픔이나 포만감은 뇌에서 느끼는 것이기 때문입니다. 위가 비어 있을 때 분비되는 그렐린 호르몬은 뇌를 자극해 배고픔을 느끼게 만들고, 식사를 해서 위가 채워지면 분비되는 렙틴 호르몬은 포만감을 느끼게 합니다. 즉, 건강한 음식을 통해 칼로리를 섭취하면 포만감을 느껴 식욕이 저하되지만, 수많은 가공식품에서 단맛을 내는 액상과당(탄산음료, 드레싱 등에 포함) 등 건강에 좋지 않은 음식은 렙틴 호르몬 분비를 억제해 포만감을 느끼기 어려워집니다. 또 이런 음식들은 대부분 고칼로리 식품이기 때문에 체중 증가 현상을 가중시킵니다. 렙틴 호르몬이 정상적으로 작용하게 하기 위해서는 하루 30분 걷기와 적당한 근육 운동이 필요하며 체중이 감소되면 우리 몸의 세포가 렙틴에 더욱 민감해져 식욕을 줄일 수 있습니다.

체지방률			BMI ~18.5 저체중	18.5~24.9 표준체중	25~29.9 과체중	30~34.9 비만	35~ 고도비만
낮은 체지방	15 미만	20 미만	저체중 근육형	정상 체중 정상 지방	과체중 정상 지방	비만 근육형	비만 근육형
표준 체지방	15~19.0	20~24.9	저체중 정상 지방	정상 체중 정상 지방	과체중 정상 지방	비만 표준 지방	비만 표준 지방
경계성 체지방	20~24.9	25~29.9	경계성 마른 비만	정상 체중 과다 지방	과체중 과다 지방	비만 과다 지방	비만 과다 지방
체지방 과다	25 이상	30 이상	마른 비만	정상 체중 지방 비만	과체중 지방 비만	비만 지방 비만	고도 비만

칼로리 이해하기

우리 몸은 음식물 섭취를 통해 칼로리를 만들어 저장하고, 생명 유지를 위한 기초대사(체온 조절, 호흡, 혈액순환 등)와 다양한 활동을 하기 위해 칼로리를 소비합니다. 섭취하는 칼로리와 소비하는 칼로리의 균형이 깨지면 체중이 증가하거나 감소하는데, 일반적으로 비만은 소비하는 칼로리보다 섭취하는 칼로리가 많을 때 나타납니다.

① 칼로리를 만드는 영양소, '열량 영양소'

가장 먼저 사용되는 에너지원, 탄수화물

탄수화물은 1g당 4kcal의 에너지를 내는 영양소로 쌀, 보리, 밀, 옥수수, 고구마, 감자 등 식량 작물과 그 가공식품에 들어 있는 주요 성분입니다. 섭취했을 때 소화 단계를 거쳐 포도당으로 대사되며 이 포도당은 혈액을 통해 각 세포로 이동해 에너지원으로 사용됩니다.

특히 뇌, 적혈구, 신경세포는 포도당만을 에너지원으로 사용하기 때문에 오랜 시간 음식을 먹지 않거나 탄수화물 섭취량이 부족하면 간에 소량 저장되어 있던 글리코겐이 포도당으로 분해되어 사용되고, 이후 근육 단백질을 분해해 포도당으로 만들어 사용하게 됩니다. 또 체지방을 완전 연소하기 위해서는 탄수화물의 분해 산물인 '옥살로아세테이트'라는 성분이 반드시 필요하기 때문에 탄수화물은 생명 유지뿐 아니라 다이어트에도 꼭 필요한 영양소라고 할 수 있습니다. 하지만 탄수화물을 많이 섭취하면 사용하고 남은 탄수화물이 지방으로 변환되어 체지방으로 쌓이며 복부 비만의 주범이 되기도 합니다.

다이어트 필살기

어떤 탄수화물을 얼마큼 섭취해야 할까요?

백미 대신 현미를 섭취하세요.

현미, 잡곡, 통밀 등 도정하지 않은 통곡물 식품을 복합 탄수화물이라고 합니다. 복합 탄수화물은 혈당 지수가 낮고 식이 섬유나 비타민, 무기질이 정제된 곡류에 비해 풍부하기 때문에 곡류 위주의 식사를 하는 우리나라 사람들의 다이어트에 필수적인 식품입니다. 백미나 국수, 빵 등의 식품에서 현미밥, 통밀빵 등의 식품으로 바꿔 섭취하세요.

식이 섬유를 하루 20~25g(채소 300~500g) 섭취하세요.

양상추, 브로콜리, 오이 등 채소류와 해조류, 잡곡류, 두류에 함유되어 있는 식이 섬유는 장에서 소화, 흡수되지 않아 포만감을 느끼게 하고 포도당과 지방의 흡수를 지연해줍니다. 이런 섬유소는 자신의 무게보다 40배 정도의 물을 흡수하기 때문에 포만감을 주지만 물을 적게 마시면 배변에 어려움을 겪을 수 있으므로 물을 충분히 섭취하는 것이 좋습니다.

고농축 에너지원, 지방

우리 몸에 가장 효율적인 열량 공급원이자 에너지 보관소인 지방은 1g당 9kcal의 에너지를 내는 영양소로, 1g당 4kcal의 에너지를 내는 탄수화물이나 단백질에 비해 2배 정도 높은 에너지를 가지고 있습니다. 지방이 아닌 탄수화물로 체내에 에너지를 저장한다면 글리코겐의 형태로 물과 함께 저장해야 하므로, 만약 체중이 70kg인 사람이 저장된 모든 지방을 탄수화물의 형태로 바꾼다면 약 136kg에 가까워집니다.

그렇다면 지방은 왜 현대인에게 경계의 대상이 된 것일까요? 바로 식품과 외식 산업의 발달에 따른 과잉 섭취 때문입니다. 다이어트에 성공하기 위해서는 지방 식품의 섭취량을 줄이고 건강에 좋은 지방을 골라 먹는 노력이 필요합니다.

어떤 지방을 얼마큼 섭취해야 할까요?

불포화지방산이 풍부한 식물성 기름을 적당히 섭취하세요.

지방은 불포화지방산이 풍부한 식물성 기름(견과류, 들기름, 올리브유 등)으로 적당히 섭취하세요. 음식을 조리할 때는 다른 식용유 대신 올리브유나 카놀라유를 활용하는 것이 좋습니다. 견과류는 하루 한 줌(약 25g) 섭취하기를 권장하며 너무 많은 양을 섭취하면 칼로리가 높아지므로 주의하세요.

비스킷, 도넛, 튀김류에 들어 있는 트랜스 지방 섭취에 주의하세요.

트랜스 지방과 동물성 기름에 많이 들어 있는 포화지방은 외식 비율이 높아진 현대인의 성인병 발병 위험을 높입니다. 특히 트랜스 지방은 나쁜 콜레스테롤 수치를 높이고 좋은 콜레스테롤 수치는 낮추므로 가공식품을 먹거나 외식을 할 때는 식품 선택에 주의해야 합니다.

우리 몸의 구성 성분, 단백질

단백질은 탄수화물이나 지방과는 다르게 에너지원으로 사용되기보다 우리 몸을 구성하는 조직, 신진대사를 위한 호르몬, 효소, 항체 등의 합성을 위해 사용되는 '구성 영양소'의 역할이 더 중요합니다.

만약 인체에 필요한 칼로리를 충분히 공급하지 못해 체내 에너지원(특히 탄수화물)이 부족해지면 단백질은 신체를 구성하는 역할을 포기하고 에너지원으로 사용됩니다. 열량이 지속적으로 제한되면 근육 단백질을 동원해 에너지원으로 사용하기 때문에 근육량의 감소는 신진대사량을 감소시키며 다이어트 이후 급격한 요요 현상의 원인이 될 수 있습니다.

이와는 반대로 단백질 식품을 과잉 섭취하면 지방으로 전환되어 축적되거나 신장에 무리를 줄 수 있으므로 양질의 단백질을 적절하게 섭취하는 것이 중요합니다.

어떤 단백질을 얼마큼 섭취해야 할까요?

양질의 단백질 식품을 매일 섭취하세요.

필수아미노산이 많이 함유된 양질의 단백질은 지방을 제거한 살코기, 껍질을 제거한 닭고기, 달걀흰자, 저지방 우유, 두부 등에 많이 들어 있습니다. 이러한 단백질 식품을 매일, 매끼 꾸준히 섭취하세요.

지방이 적은 살코기를 중심으로 섭취하세요.

육류를 섭취할 때 지방량이 많을수록(예를 들면 삼겹살이 등심보다 지방량이 많습니다) 칼로리가 높고 포화지방도 다량 함유되어 있으므로 지방이 적은 살코기 중심으로 섭취하세요.

포화지방이 비교적 적은 껍질을 제거한 닭고기, 생선(1회 섭취 시 닭 가슴살 100~150g, 생선 1토막 정도) 등을 먹는 것이 좋습니다. 우유나 유제품은 무지방, 저지방 제품을 선택하세요. 조리법에 따라서도 칼로리가 높아질 수 있으니 채소와 함께 조리하고 양념은 적게 사용하세요.

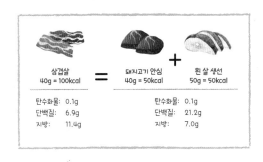

삼겹살 40g = 100kcal	=	돼지고기 안심 40g = 50kcal	+	흰 살 생선 50g = 50kcal
탄수화물: 0.1g		탄수화물: 0.1g		
단백질: 6.9g		단백질: 21.2g		
지방: 11.4g		지방: 7.0g		

빈 칼로리 식품, 술

술은 1g당 7kcal를 내는 고칼로리 식품이지만, 몸에 필요한 영양소는 없이 칼로리만 있는 '빈 칼로리 식품(Empty Calorie Food)'입니다. 빈 칼로리 식품으로는 술 외에 설탕, 배미, 검게된 밀가루 등이 있습니다. 이 같은 음식을 다량 섭취하면 소화와 대사 과정에 필요한 필수영양소(효소, 비타민, 무기질)를 체내에서 빼내어 사용해야 하므로 면역력 결핍, 노화 촉진 등의 문제가 나타날 수 있습니다. 그렇다면 술을 마시면 정말 살이 찔까요?

술 자체의 칼로리 때문에 살이 찌는 것은 아니지만 술은 다른 영양소가 산화되어 칼로리로 쓰이는 것을 방해하는 작용을 합니다. 즉, 술의 칼로리는 에너지로 쓰이지만 함께 먹은 안주가 지방으로 축적되거나 에너지로 쓰이기 위해 축적되어 있던 다른 영양소가 쓰이지 않고 남게 되는 것입니다.

그와 반대로 지속적으로 과음을 하면 발열 반응의 증가로 에너지 소비를 촉진하므로 체중이 감소되기도 하는데, 알코올의존증 환자 중 마른 사람이 많은 것은 이런 이유 때문이라고 할 수 있습니다. 하지만 대부분 간이 손상되고 중독될 정도의 술을 마시는 것이 아니라 적당량 마시고 다양한 안주를 함께 먹기 때문에, 식욕을 촉진하는 신경전달물질을 자극해 음식에 대한 욕구를 증가시켜 과식을 유발합니다.

따라서 다이어트와 건강을 위해 음주는 반드시 제한할 필요가 있습니다.

제로 칼로리 식품은 정말 칼로리가 없을까?

제로 칼로리 식품은 어떤 원리로 단맛을 낼까요? 우리에게 가장 많이 알려져 있는 '제로 칼로리 콜라'는 아스파탐이라는 인공 감미료를 사용하는데 아스파탐 1g은 설탕 200g과 같은 단맛을 냅니다.

즉, 20g의 설탕이 들어 있는 콜라는 80kcal를 내는 반면 0.1g의 아스파탐을 넣은 같은 양의 콜라는 0.4kcal를 냅니다. 식품 표기 기준상 100ml당 0.5kcal 이하의 칼로리를 내면 '0'으로 표기할 수 있기 때문에 제로 칼로리라고 말하는 것이지 실제로 칼로리가 '0'인 것은 물밖에 없다고 해도 과언이 아닙니다.

그렇다면 이렇게 칼로리가 낮은 식품을 먹으면 다이어트에 도움이 될까요? 몇 가지 연구에 따르면 우리 뇌는 혀를 통해 느끼는 단맛을 기준으로 섭취량을 결정한다고 합니다. 인공 감미료를 섭취하면 단맛은 느끼지만 단맛의 강도를 온전히 인지할 만큼의 칼로리는 섭취되지 않아 우리 몸의 소화 시스템에 혼란을 일으켜 더 많은 음식을 섭취하게 하고 소화 대사율도 떨어져 체지방이 증가한다는 연구 결과가 있습니다. 물론 안전성이 확보되었기 때문에 식품에 쓰이기는 하지만, 인공 감미료가 설탕을 완벽하게 대체할 만한 것인지는 의문이라 할 수 있습니다.

출처: 대한영양사협회(2010) '당뇨병 식품교환표 활용 지침'

막걸리
알코올 농도: 6%
1단위 양: 1컵(200cc)
1단위 열량: 92 kcal
포장 단위(병): 750ml
포장 단위 열량: 345kcal

라이트 맥주
알코올 농도: 4.5%
1단위 양: 1컵(200cc)
1단위 열량: 58kcal
포장 단위(병): 500ml
포장 단위 열량: 145kcal

맥주
알코올 농도: 4.5%
1단위 양: 1컵(200cc)
1단위 열량: 74kcal
포장 단위(병): 500ml
포장 단위 열량: 185kcal

소주
알코올 농도: 25%
1단위 양: 1잔(50cc)
1단위 열량: 71kcal
포장 단위(병): 360ml
포장 단위 열량: 510kcal

순한 소주
알코올 농도: 20%
1단위 양: 1잔(50cc)
1단위 열량: 55kcal
포장 단위(병): 360ml
포장 단위 열량: 400kcal

레드 와인
알코올 농도: 13%
1단위 양: 1잔(100cc)
1단위 열량: 85kcal
포장 단위(병): 750ml
포장 단위 열량: 638kcal

화이트 와인
알코올 농도: 13%
1단위 양: 1잔(100cc)
1단위 열량: 83kcal
포장 단위(병): 750ml
포장 단위 열량: 623kcal

샴페인
알코올 농도: 5%
1단위 양: 1잔(100cc)
1단위 열량: 74kcal
포장 단위(병): 640ml
포장 단위 열량: 280kcal

위스키
알코올 농도: 40%
1단위 양: 1잔(30cc)
1단위 열량: 95kcal
포장 단위(병): 360ml
포장 단위 열량: 1140kcal

청주
알코올 농도: 16%
1단위 양: 1잔(50cc)
1단위 열량: 76kcal
포장 단위(병): 300ml
포장 단위 열량: 390kcal

② 식품에 따른 칼로리

우리는 식품에 들어 있는 탄수화물, 단백질, 지방 등의 에너지원을 통해 칼로리를 얻습니다. 식품의 종류와 양에 따라 칼로리 및 주요 영양소의 종류와 함량이 달라지는데, 각 식품이 지닌 영양소의 구성이 비슷한 것을 묶어 6가지로 분류한 것을 기초 식품군이라고 말합니다.

기초 식품군별 식품 종류 및 칼로리

식품군	주요 함유 영양소	역할	kcal	종류(예)	1회 분량
곡류 및 전분류	탄수화물	주요 에너지원	100	밥	70g
				식빵	70g
				국수	70g
고기, 생선, 계란, 콩류	단백질, 지방	신체 구성 성분, 에너지원	50	쇠고기(살코기)	40g
			75	고등어	50g
			100	갈비	30g
채소류	식이섬유, 비타민, 무기질, 식물성 화학물질	생리 조절 작용	20	잎채소(배추, 상추 등)	70g
				당근	70g
				양파	70g
과일류	식이섬유, 비타민, 무기질, 식물성 화학물질	생리 조절 작용	50	바나나	60g
				사과	100g
				방울토마토	250g
우유와 유제품	단백질, 칼슘	에너지원, 신체 구성 성분 칼슘 공급	75	저지방 우유	200ml
			125	우유	200ml
				무가당 요구르트	100g
지방류	지방	에너지원	45	식용유	5g
				버터	6g
				호두	8g

다이어트 실행하기

다이어트 시작하기, '목표 설정'

① 나에게 맞는 체중 목표 설정하기

'표준체중'이란 건강과 외모를 유지하는 데 적절한 체중으로, 우리나라의 경우 체질량 지수(BMI)에 따라 남자는 22, 여자는 21을 기준치로 사용하고 있습니다. 이 기준을 사용하여 표준체중을 구하는 방법은 다음과 같습니다.

- 남자 = 키(m)×키(m)×22
- 여자 = 키(m)×키(m)×21

예를 들어 키가 160cm인 여성의 표준체중은 '1.6×1.6×21 = 53.76kg'입니다. 만약 이 여성의 현재 체중이 60kg이라면 53.76kg을 체중 목표로 설정하면 되는 것입니다.

② 현재 식습관 평가 및 행동 목표 설정하기

다음 페이지의 설문지를 참고해 나의 식습관을 평가하고 개선해야 할 부분에 대해 계획을 세워봅시다. 그리고 각 항목에 따라 가장 낮은 점수의 행동부터 고쳐보세요. 자신의 행동 패턴을 알면 생활 습관을 개선하는 데 도움을 받을 수 있습니다.

현재 식습관 및 식행동 평가

다음 해당 사항에 ◯표 하세요	항상 (매일)	자주 (주 3회 이상)	가끔 (주 1~2회)	전혀 (주 0회)
아침 식사를 한다.	5	3	1	0
저녁 식사량이 아침이나 점심보다 많다.	0	1	3	5
일정한 시간에 식사를 한다.	5	3	1	0
여럿이 식사를 할 때 대부분 내가 제일 먼저 식사를 끝낸다.	0	1	3	5
바쁜 경우 다른 일을 하며 라면, 햄버거나 배달 음식 종류로 끼니를 해결한다.	0	1	3	5
배가 고프지 않아도 좋아하는 음식이 있으면 먹는다.	0	1	3	5
냉장고를 열면 무언가 하나라도 먹게 된다.	0	1	3	5
뷔페에 가면 모든 음식을 조금씩 맛보게 된다.	0	1	3	5
목이 마르면 물보다 주스, 탄산음료를 마신다.	0	1	3	5
맛있는 음식이 있으면 배가 불러도 계속 먹는다.	0	1	3	5
심심하거나 피곤하면 간식이나 음료를 먹는다.	0	1	3	5
옆 사람이 먹고 있으면 나도 같이 먹거나 TV에서 먹는 장면이 나오면 그 음식을 찾는다.	0	1	3	5
세 끼를 전부 밥으로 먹는다.	5	3	1	0
참을 수 없을 정도로 배고플 때까지 버티다 식사를 한다.	0	1	3	5
한 번 밥을 먹으면 배부를 때까지 먹는다.	0	1	3	5
야식을 먹는다.	0	1	3	5
먹을 때 TV나 컴퓨터, 휴대폰 등을 보면서 먹는다.	0	1	3	5
스트레스를 받으면 외식이나 술자리를 해야 한다.	0	1	3	5
음식을 먹을 때 삼키기 전에 또 음식을 입에 넣는다.	0	1	3	5
믹스 커피를 마신다(설탕, 크림 포함 커피 / 마끼아또 등).	0	1	3	5
합계			(	)점

다이어트 필살기

| 80점 이상 | 식습관이 좋은 편입니다. 현재의 식습관을 유지하도록 노력하고 운동을 |

80점 이상 식습관이 좋은 편입니다. 현재의 식습관을 유지하도록 노력하고 운동을 통한 체중 관리에 조금 더 신경 쓰세요.

79~60점 조금만 더 노력하면 좋은 식습관을 기를 수 있습니다. 점수가 가장 낮은 행동부터 개선할 수 있도록 계획을 세우고 노력하세요.

59점 이하 식습관을 개선하기 위해 많은 노력을 기울여야 합니다. 점수가 가장 낮은 행동부터 우선순위를 정해 행동 목표를 설정하고 하루 섭취한 음식을 기록하는 습관을 길러보세요. 과식하거나 식사 후 간식을 먹는 습관을 개선하면 더욱 빨리 다이어트에 성공할 수 있습니다.

나에게 맞는 칼로리 처방하기

다이어트를 할 때는 적절한 양의 칼로리 섭취가 중요합니다. 너무 많이 먹으면 살이 빠지지 않고, 너무 적게 먹으면 요요 현상을 유발할 수 있기 때문입니다. 자신에게 맞는 칼로리를 처방하는 방법을 알아볼게요. 다음 순서대로 따라 해보세요.

식사 후 습관적으로 무언가를 마신다면?

혹시 믹스 커피를 즐겨 마시지 않나요? 믹스 커피 1잔의 칼로리는 40kcal 정도입니다. 연구에 따르면 믹스 커피 1잔에는 삼겹살 1인분에 들어 있는 만큼의 포화지방이 함유되어 있다고 합니다. 믹스 커피를 습관적으로 마신다면 아메리카노(무설탕) 커피, 물, 녹차를 마시는 습관으로 바꿔보세요.섭취하게 하고 소화 대사율도 떨어져 체지방이 증가한다는 연구 결과가 있습니다.
물론 안전성이 확보되었기 때문에 식품에 쓰이기는 하지만, 인공 감미료가 설탕을 완벽하게 대체할 만한 것인지는 의문이라 할 수 있습니다.

하루 필요한 칼로리 어림잡는 방법

위 방법에 따라 계산된 값들의 평균 범위에 따라 하루에 필요한 칼로리를 어림짐작할 수 있습니다. 키가 큰 남성은 대략 1800~2000kcal, 키가 작은 남성은 1300~1500kcal, 키가 큰 여성은 1400~1600kcal, 키가 작은 여성은 1000~1200kcal 정도 섭취하는 것이 적당합니다.

① 칼로리 처방하기 예시

이승은(20세) **학생** | 키 : **165cm** | 체중 : **70kg** | 단기 다이어트를 원함

• 비만도 = 현재 체중/표준체중×100(%) = **70/57 × 100 = 122.8(비만)**

* 표준체중 = 키(m²)×21 = **1.65 × 1.65 × 21 = 57**

• 엄격한 다이어트 타입 칼로리 처방 (표준체중×활동도에 따른 단위 체중당 필요 에너지)
-500kcal = 57 × 25 - 500 = 925kcal

박재환(40세) **서비스직** | 키 : **180cm** | 체중 : **85kg** | 운동 중심 편안한 다이어트

• 비만도 = 현재 체중/표준체중×100(%) = **85/71×100 = 119.7(과체중/비만)**

* 표준체중 = 키(m²)×22 = **1.8 × 1.8 × 22 = 71**

• 편안한 다이어트 타입 칼로리 처방 (현재 체중×활동도에 따른 단위 체중당 필요 에너지)
-500kcal = 85 × 30 - 500 = 2,050kcal

문지영(32세) **사무직** | 키 : **170cm** | 체중 : **68kg** | 편안한 다이어트

• 비만도 = 현재 체중/표준체중×100(%) = **68/60 × 100 = 113(과체중)**

* 표준체중 = 키(m²)×21 = **1.7 × 1.7 × 21 = 60**

• 편안한 다이어트 타입 칼로리 처방(현재 체중×활동도에 따른 단위 체중당 필요 에너지)
-500kcal = 68 × 25 - 500 = 1200kcal

하루 필요 칼로리, 어떻게 섭취해야 할까? '적당히, 골고루, 제때에'

① 과유불급! 적절한 양을 섭취하세요.

자신에게 필요한 하루 칼로리를 아침, 점심, 저녁, 간식으로 나누어 섭취하는 습관을 기르도록 합니다. 예를 들어 하루에 1500kcal를 섭취해야 한다면 한 끼 식사에 300~500kcal 정도의 음식을 구성합니다. 한 끼 식단을 구성할 때는 채소, 단백질 식품, 탄수화물 식품이 골고루 들어가도록 합니다.

② 다양한 식품을 섭취해 자신의 몸에 필요한 영양소를 공급하세요.

다이어트할 때는 안 먹는 것이 아니라 잘 먹는 방법을 배우는 것이 중요합니다. 신진대사에 필요한 식품 섭취는 늘리고, 공복감을 유발하거나 체지방을 축적하게 만드는 식품 섭취는 줄여 영양 밸런스를 맞추도록 합니다.
식단 구성의 가장 중요한 원칙은 매끼 영양소를 골고루 섭취하는 것입니다. 아침은 사과, 점심은 닭가슴살 샐러드, 저녁은 우유 한 잔이 아닌, 매끼 탄수화물, 단백질, 식이섬유소가 풍부한 식사를 해야 합니다. 하루 필요 칼로리를 아침, 점심, 저녁으로 나누고 그에 맞는 식단을 구성합니다.

③ 아침, 점심, 저녁 거르지 말고 식사하세요.

규칙적인 식사는 체중 감량에 매우 중요합니다. 식사가 불규칙한 사람은 하루에 한 끼만 먹어도 몸에서 일정량의 칼로리를 체지방으로 미리 저장하려 하지만, 규칙적인 식사를 하는 사람은 섭취한 칼로리를 모두 소비하도록 몸이 작동합니다. 하루 세 번은 최소한의 식사 횟수이며 아침, 점심, 저녁을 비슷한 양으로 배분하여 식사하는 것이 좋습니다.
아침 식사는 바쁘다는 이유로 간단하게 섭취하는 경우가 많은데, 이때 주의할 점은 반드시 단백질 식품도 함께 섭취해야 한다는 것입니다. 단백질을 충분히 함유한 식사를 하면 칼로리 공급이 일정한 수준으로 유지되어 점심 시간까지 활력을 줄 수 있고, 점심 시간의 과식을 예방해줍니다.

한 끼 식단 구성 원칙

- 열량: 300~500kcal
- 식품 구성: 통곡류(탄수화물 급원 식품) + 저지방 단백질 식품 + 채소류(또는 과일류)
  예) 통밀빵 1조각 + 닭 가슴살 샐러드 + 저지방 우유

한 끼를 구성하는 필수 식품군

도정되지 않은 곡류와 전분류 :

현미밥이나 통밀빵 등을 활용하여 탄수화물 식품을 섭취하세요. 도정하지 않은 곡류의 섬유소는 포만감을 느끼게 하고 과식을 방지하는 효과가 있으며, 몸에서 혈당을 서서히 높여 흡수 속도를 늦추는 효과도 있어 체중 관리를 하는 데 반드시 필요한 식품입니다.

저지방 단백질 식품 :

기름기가 적은 육류, 껍질을 제거한 가금류, 지방 함량을 낮춘 우유와 유제품 등 지방 함량이 낮은 단백질 식품을 섭취하세요. 단백질이 풍부한 식사는 포만감을 주고 소화될 때 에너지를 많이 사용하며 다이어트로 인한 근육 손실을 예방해주는 효과가 있습니다. 조리법에 의해 칼로리가 높아질 수 있으므로 삶거나 찐 음식을 섭취하도록 합니다.

채소 또는 과일류 :

식이섬유소와 항산화 영양소를 공급받기 위해 채소와 과일류를 섭취하세요. 식품 자체는 칼로리가 높지 않지만 조리 과정에서 사용하는 양념이나 샐러드 드레싱으로 인해 칼로리가 높아질 수 있으므로 주의가 필요합니다. 과일류의 경우 탄수화물 함량이 높으므로 섭취량에 주의하고 되도록 다양한 생채소를 섭취합니다.

점심 식사는 탄수화물, 단백질, 약간의 지방이 포함된 식사를 하는 것이 바람직하며 하루 활동도에 따라 섭취량을 조절하는 것이 좋습니다.

저녁 식사는 생리적인 필요량으로 볼 때 아침, 점심 식사보다 적은 양을 섭취하는 것이 좋습니다.

하지만 회식이나 약속이 잦은 사람의 경우 저녁에 과식하는 것이 불가피하므로 점심 식사의 양을 줄이는 것도 섭취량을 조절하는 방법이 될 수 있습니다.

식품군	추천 식품	제한 식품
곡류와 전분류	현미밥, 통밀빵, 통곡물 시리얼 등 통곡물 식품	흰쌀밥, 흰 밀가루 등 정제한 곡류
채소와 과일류	사과 · 바나나 · 방울토마토 등 과일, 버섯류, 미역 · 김 등 해조류, 호박 · 당근 · 양상추 · 양배추 · 브로콜리 등 생채소	과일이나 채소 주스, 통조림 과일 등
어류, 육류, 가금류, 달걀, 콩류	껍질을 제거한 닭고기 등의 가금류, 지방이 적은 쇠고기, 돼지고기 살코기 부위, 달걀흰자, 두부, 콩, 당 함량이 적은 두유, 생선류 **조리 방법: 삶기, 찌기, 기름 없이 굽기, 조리기(상겹게)**	당 함량이 높은 두유, 삼겹살이나 갈비 등 고지방 육류, 육류 가공품(소시지, 스팸 등) **조리 방법: 튀기기, 기름 넣어 굽기**
우유와 유제품	저지방 또는 무지방 우유와 유제품	전유, 초코 우유나 딸기 우유 등 유가공품, 휘핑크림(생크림), 아이스크림
유지류와 당류	견과류, 올리브유, 카놀라유, 들기름 등 식물성 기름	마가린, 버터, 설탕, 각종 디저트 음식, 탄산음료, 마요네즈
수분 섭취	물, 차, 설탕을 넣지 않은 아메리카노	시럽을 넣은 음료

④ 자신의 상황과 취향을 반영한 식단을 구성합니다.

예를 들어 아침이 바쁘다면 전날 저녁 미리 주스나 스무디를 만들어 냉장고에 두었다가 아침에 마시기, 야근이 잦다면 아침과 점심에 칼로리 섭취를 집중시키고 저녁은 간단한 샐러드를 먹는 형태로 계획합니다. 한 달 동안 식단을 만들어 생활하다 보면 하루 식사를 구성하는 일이 점점 쉬워지는 것을 경험할 수 있습니다.

- 하루 필요 칼로리별 아침 · 점심 · 저녁 칼로리 설정 예시

구분	1000kcal	1200kcal	1500kcal	1800kcal
아침	150~200	200~300	300~400	400~500
점심	350~500	400~500	500~600	600~700
저녁	200~400	300~400	400~500	500~600
간식 여부	×	×	1회	2회

- 간식은 아침과 점심, 점심과 저녁 사이에 조금씩 먹도록 합니다. 1500/1800kcal의 점심과 저녁은 간식이 포함된 칼로리입니다.

다이어트 기간 설정하기

다이어트는 평생 해야 하는 숙제이지만, 다이어트에도 전략이 필요합니다. 단시간에 하는 다이어트는 목표한 체중에 이르기 쉽지 않고, 목표한 체중이 되더라도 무리한 다이어트 방법으로 인해 다시 원래 체중으로 돌아올 가능성이 높습니다. 이는 '세트 포인트(Set Point)' 현상 때문인데, 세트 포인트란 몸이 외부의 자극으로부터 스스로 보호하기 위해 저항하는 것을 말하며 어느 정도 기간이 지나야만 우리 몸도 변화된 생활 습관에 적응하게 되어 체중 감량을 효과적으로 진행할 수 있게 됩니다. 그렇다고 너무 긴 기간을 설정하면 중도에 포기할 가능성이 높아집니다. 다이어트는 '지금까지 해온 잘못된 습관을 교정하는 것'이라 할 수 있는데 습관이 변화되려면 적어도 4주의 기간이 필요하다고 합니다. 따라서 다이어트를 하기에 적당한 기간은 4주에서 6주라고 할 수 있습니다.

- **1주** : 자신이 먹는 음식 모두 기록하기
- **2주** : 생각 없이 먹던 지방과 탄수화물 줄이기
- **3~5주** : '적당히, 골고루, 제때에' 원칙 지키기
- **6주** : 변화된 생활 습관의 힘을 믿고 유지하기

무작정 따라하는 4주 다이어트 식단

습관 하나가 정착되려면 6주의 시간이 필요하다고 합니다. 다이어트도 마찬가지로 최소 6주에서 12주의 시간이 필요하며, 체중을 뺀 후 2~3년 동안 요요 현상이 없어야 다이어트에 성공했다고 할 수 있습니다. 다이어트는 너무 오랜 기간 지속적으로 빼겠다는 생각보다는 4주 간격으로 목표를 정해 실천하는 것이 효과적입니다. 4주는 다이어트 식단, 4주는 식단보다 운동 중심으로, 이후 4주는 체중 상황에 따라 식단 또는 운동을 선택해 실천할 수 있도록 구성해보세요.

4주만 따라 하면 살이 빠지는 '무작정 따라 하기 4주 식단'을 알려드릴게요. 각 주마다 중요한 다이어트 포인트를 담아 구성했습니다. 처음 2주는 칼로리를 다소 엄격하게 구성하고 3~4주 차는 편안한 다이어트 타입으로 식단을 구성해 칼로리를 자연스럽게 증가시키는 것이 바람직합니다.

레시피에 소개된 주스는 단백질이 포함되어 있지 않으므로 간단하게 먹기 좋은 삶은 달걀이나 닭가슴살 등의 단백질을 함께 섭취하면 포만감을 높이고 에너지 대사에 도움을 줍니다. 주스 자체만으로는 칼로리가 낮기 때문에 단백질 식품과 함께 먹어도 한 끼 적정 칼로리를 넘지 않으므로 걱정하지 않아도 됩니다.

스무디는 단백질 식품을 함께 갈아 만든 음료로 다른 식품을 추가하지 않아도 좋습니다. 포만감을 더 높이고 싶다면 레시피에 견과류를 더해 섭취하는 것을 추천합니다. 단, 견과류를 과도하게 섭취하면 칼로리가 높아지므로 하루 25g 이상 넘지 않도록 주의해야 합니다.

곁들임 단백질 식품 추천 및 칼로리

- 삶은 달걀 1개 = 75kcal
- 닭가슴살 1쪽(100g) = 109kcal
- 연두부 1모(250g) = 125kcal
- 두유 1잔(190ml) = 80kcal
- 저지방 우유 1잔(200ml) = 75kcal
- 견과류 1큰술(25g) = 150kcal

무작정 따라하는 4주 다이어트 식단

몸이 가벼워지는 식이섬유소가 풍부한 식단

의욕이 충만한 다이어트 첫 주! 채소를 먹는 습관을 기르는 것으로 다이어트를 시작합니다. 식이섬유소는 장내 유익균의 먹이가 되어주고, 지방 흡수를 저해하며, 노폐물 배출을 돕고, 포만감을 높여줍니다. 식이섬유소는 40배 정도의 수분 흡수 효과를 가지고 있으므로 채소 섭취를 늘리면서 물도 함께 마시는 것이 중요합니다.

최근 연구 결과에 따르면 장내 미생물의 비율이 요요 현상의 주원인으로 꼽히고 있는데, 유익한 균이

스페셜 칼럼

	월	화	수
아침	청경채키위귤 주스	사과오이 주스	토마토당근키위 스무디
점심	연어양파 샌드위치	돼지고기오징어 쌈밥	쇠고기버섯구이 샌드위치
점심	두부치커리 샐러드	알감자메추리알 샐러드	모둠콩 샐러드

많을수록 요요 현상이 줄어든다고 하니 채소와 과일을 통한 식이섬유소의 섭취는 요요 현상을 예방하는 데 필수적이라 할 수 있습니다.

1주 차 식단은 채소가 풍부하게 들어가는 레시피로

1000kcal를 기준으로 구성된 식단입니다. 자신에게 필요한 칼로리에 맞춰 재료를 가감하여 섭취하세요.

무작정 따라하는 4주 다이어트 식단

목	금	토	일
사과시금치두유 스무디	양상추바나나두부 스무디	사과양상추바나나 주스	사과브로콜리호두 스무디
쇠고기잡곡밥 채소말이	게살양상추 샌드위치	돼지고기양파 덮밥	닭고기양배추 볶음밥
달걀토마토 샐러드	참치아보카도 샐러드	오렌지배추호두 샐러드	돼지고기오징어 쌈밥

부종에 효과적인 저염 식단

다이어트할 때 소금 섭취를 줄이는 저염식이 중요하다는 이야기 들어보셨죠? 소금은 화학 용어로 염화나트륨이라고 하는데요. 이때 나트륨이 바로 저염식의 '염'에 해당됩니다. 나트륨은 생명 유지에 반드시 필요한 성분으로 우리 몸에서 삼투압 작용을 위한 수분 조절, 산·알칼리 균형 조절, 신경 전달 기능 등에 관여하는 필수 무기질이지만, 과다 섭취하면 고혈압, 신장병, 심장병 등 여러 가지 질병을 야기합니다. 소금은 앞서 말했듯 수분 조절에 관여하므로 짜게 먹으면 삼투 현상으로 수분을 많이

	월	화	수
아침	로메인수박 주스	사과양상추바나나 주스	양상추파인애플바나나 주스
점심	닭가슴살 월남쌈	돼지고기오징어 쌈밥	게살양상추 샌드위치
점심	보리버섯굴죽	보리매생이굴죽	쇠고기버섯죽

스페셜 칼럼

머금어 부종을 일으키고 이는 신체 대사 능력을 떨어지게 합니다. 또한 짠맛은 단맛과 서로 보완 효과를 지니고 있어 음식을 맛있게 해주어 더 많은 칼로리를 섭취하게 합니다. 산상계상이 밥도둑인 이유가 바로 여기에 있는 것이죠. 또한 소금은 민간에서 소화제로 사용할 만큼 위장관의 운동 속도를 높여 음식을 빨리 소화시키는 데 도움을 주므로 금방 배가 고파집니다. 따라서 음식의 간을 줄이는 것만으로도 다이어트에 큰 도움을 줄 수 있습니다. 특히 하체 비만을 고민하는 분이라면 저염 식단이 필수입니다.

요리할 때 짜거나 단맛을 내기보다 새콤한 식초나 레몬으로 음식 맛을 내고, 나트륨을 배출하는 데 도움을 주는 칼륨이 많은 식품(양상추, 시금치, 청경채, 로메인 등 잎채소와 아보카도, 감자, 바나나, 토마토 등의 과일, 오이 등 수분이 많은 채소, 버섯류 등)을 섭취하는 것이 도움이 됩니다.

나트륨을 배출하려면 수분도 그만큼 많이 필요합니다. 부종을 일으키는 원인이 수분이라고 해서 물 섭취를 줄이는 것이 아니라 짠 국물, 짠 음식을 적게 먹고 순수한 물을 자주 마시는 것이 꼭 필요한 과정입니다.

목	금	토	일
사과시금치바나나 주스	사과오이 주스	토마토아보카도 스무디	토마토파프리카바나나 주스
돼지고기양파 덮밥	저지방BLT 샌드위치	연어양파 샌드위치	닭고기양배추 롤
현미부추닭죽	참치아보카도 샐러드	닭고기버섯 덮밥	돼지고기콩나물밥

근육을 만드는 단백질이 풍부한 식단

다이어트할 때 사과, 바나나, 토마토 등 원 푸드 다이어트를 하는 분도 많습니다. 하지만 계속 한 가지 식품만 먹으면 칼로리가 적기 때문에 살이 빠지기는 하지만 지방이 빠지는 것이 아니라 근육의 손실로 인한 체중 감소가 진행됩니다.

빠진 근육은 추후 원상 복구하기도 어려우며, 이는 기초대사량을 낮춰 요요 현상을 가중시키고 살이 찌는 체질로 변하게 할 뿐만 아니라 건강을 악화시키는 등 문제를 일으킵니다. 따라서 다이어트할 때는 양질의 단백질 식품을 섭취하는 것이 매우 중요합니다.

스페셜 칼럼

	월	화	수
아침	사과브로콜리호두 스무디	사과시금치두유 스무디	토마토아보카도 스무디
점심	돼지고기죽순 덮밥	쇠고기마늘구이 덮밥	닭고기 오므라이스
점심	연두부와 마구이 샐러드	알감자메추리알 샐러드	모둠콩 샐러드

그렇다고 섭취하는 칼로리가 높아질까 걱정돼 단백질 식품으로만 식단을 구성하면 체단백질을 만드는 데 사용돼야 할 단백질이 탄수화물, 지방 대신 열량원으로 사용됩니다.

영양소 균형을 맞춘 건강한 식단에 단백질을 좀 더 추가해 섭취하는 것이 바람직합니다(예를 들어 사과주스 대신 요거트를 함께 넣은 사과 스무디로 섭취). 단백질 식품을 섭취할 때는 조리법도 중요한데 육류, 생선, 가금류 등은 맛을 내기 위해 튀기거나 조리면 지방과 염분 섭취율이 높아져 칼로리 과잉 섭취를

초래할 수 있으므로 찌기, 굽기 등의 조리법을 활용하는 것이 좋습니다.

단백질이 풍부한 건강 식단은 포만감을 주어 장기적인 다이어트에 도움을 주므로 바람직한 다이어트 식단이라고 할 수 있습니다.

3주 차 식단은 단백질이 풍부하고 담백한 레시피를 중심으로 1200kcal 기준으로 구성된 식단입니다. 자신에게 필요한 칼로리에 맞춰 재료를 가감하여 섭취하세요.

목	금	토	일
토마토당근키위 스무디	양상추바나나두부 스무디	바나나키위 스무디	바나나딸기 스무디
쇠고기가지 덮밥	돼지고기콩나물밥	새우파프리카 덮밥	현미부추닭죽
참치 타다키 구이	달걀토마토 샐러드	모시조개찜	쇠고기우엉 잡채밥

다양한 레시피를 활용한 맛있는 다이어트 식단

건강한 다이어트 식단이란 무엇일까요? 앞서 3주 동안 진행한 식단에 답이 모두 들어 있습니다. 사과, 바나나, 닭가슴살만 먹는다고 다이어트 식단이 되는 것이 아니라 채소의 식이섬유소, 저염 레시피, 단백질이 풍부하게 어우러진 식단이 바로 건강 다이어트 식단입니다. 다이어트할 때 밥과 반찬을 모두 먹는 것을 꺼리는 분들이 있는데, 그건 잘못된 생각입니다. 일본에서 선풍적인 인기를 끌었던 '타니타 식단'의 경우, 체중계로 유명한 타니타라는 기업의 직원 식당에서 건강한 식단을 먹은 직원들이

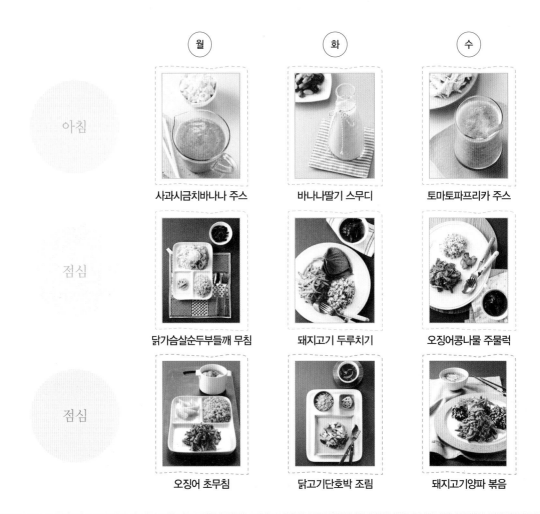

	월	화	수
아침	사과시금치바나나 주스	바나나딸기 스무디	토마토파프리카 주스
점심	닭가슴살순두부들깨 무침	돼지고기 두루치기	오징어콩나물 주물럭
점심	오징어 초무침	닭고기단호박 조림	돼지고기양파 볶음

살이 빠지고 건강해졌기 때문에 일반인들도 관심을 가지고 이 식단을 따라 하며 효과가 입증돼 유명해진 것입니다. 많은 다이어트 전문가들이 지나친 저칼로리 식단과 특정 영양소만 섭취하거나 배제하는 식단의 위험성을 경고하며 효과가 높은 다이어트 식단으로 자신에게 맞는 식품과 영양소를 골고루

섭취하는 식단을 추천하고 있습니다.

나 혼자가 아닌 가족, 친구, 그리고 건강하길 바라는 사랑하는 사람들과 함께 건강한 레시피를 즐겨보세요. 4주 차 식단은 다양한 레시피가 반영된 1200kcal 기준의 식단으로 구성했습니다. 자신에게 필요한 칼로리에 맞춰 재료를 가감하여 섭취하세요.

목	금	토	일
바나나요거트 스무디	사과양상추바나나 주스	토마토당근키위 스무디	오렌지배추호두 샐러드
삼치 구이와 물미역 무침	미니새우 버거	가지구이잣 샐러드	우엉 불고기 나베
쇠고기 고추장 스튜	오렌지관자 구이	쇠고기 스테이크와 생채 무침	참치 깻잎말이 전

다이어트 효과
2배 높이는 노하우

다이어트 10원칙

① 현실적인 체중 목표를 설정한다.

② 나에게 필요한 하루 열량(kcal)을 알고 총 섭취량을 조절한다.

③ 과다한 지방 섭취와 단 음식(당질) 섭취에 주의한다.

④ 근육 손실을 예방하기 위해 단백질을 충분히 섭취한다.

⑤ 비타민, 무기질, 항산화 영양소, 식이섬유의 채소와 과일을 섭취한다(과일은 칼로리가 높으므로 섭취량에 주의한다).

⑥ 음주 빈도와 횟수를 제한한다.

⑦ 규칙적이고 적절한 신체 활동을 유지한다.

⑧ 운동은 유산소 · 근력 · 유연성 운동으로 구성된 복합적인 운동을 한다.

⑨ 운동은 중간 강도(빠르게 걷기, 숨이 차지만 옆 사람과 대화가 가능한 정도), 30분 이상, 주 3~5회 실시한다.

⑩ 운동은 짧은 시간으로 나누어 여러 차례 반복해도 체중 감량 효과를 누릴 수 있으므로 틈틈이 움직이려고 노력한다.

상황별 다이어트 노하우

① 외식에 대처하는 다이어터의 자세

바쁜 현대인들에게 외식 문화는 변화된 식생활 양식 중 하나로, 외식의 빈도는 점차 증가하고 있으며 가정에서조차 외식에 대한 의존도가 더욱 높아지고 있습니다. 문제는 외식을 하면 자극적인 맛과 다양한 음식으로 인해 과식을 하게 된다는 점입니다. 외식에 어떻게 대처해야 할까요?

회사의 구내식당을 이용하거나 반찬이 자주 바뀌는 백반집을 단골로 만들기

회사에 구내식당이 있다면 최대한 이용하세요. 일반적으로 회사 식당에서는 영양사가 식단을 짜기 때문에 양만 잘 조절한다면 다이어트식으로 활용할 수 있습니다. 다양한 반찬을 먹을 수 있는 곳에서 '반식법(주어진 식사의 반만 먹기)'을 실천하고 숟가락 대신 젓가락을 이용해 식사하세요.

후식은 먹지 않고 채소는 최대한 많이!

식사 후 자판기 커피나 후식으로 나오는 통조림 과일, 디저트 등을 주의하세요. 채소 반찬이 있다면 식전에 드레싱 없이 먹은 후 식사하세요. 과식을 예방하고 칼로리 섭취를 줄일 수 있습니다.

칼로리가 낮은 음식이 좋은 음식은 아니다!

다이어트하는 분들 중 식품 종류를 단순화해 '원푸드'로 식사하는 분들이 있습니다. 이것은 절대 금물! 다양한 영양소를 섭취할 수 있도록 여러 식품을 먹되, 섭취량을 조절하는 것이 중요한 원칙이라는 사실을 잊지 마세요. 실제로 상담을 진행하다 보면

비스킷 조금, 우유 한 잔 등으로 끼니를 대신하는 분들이 있습니다. 이유를 물어보면 다이어트 중인데 식당에서 밥을 먹으면 안 되니까 간단하게 때운다고 대답합니다.

다이어트를 할 때는 적게 먹는 것이 아니라 잘 먹는 것이 중요합니다. 필수영양소(특히 비타민, 무기질 등)가 부족하면 에너지 대사가 원활하게 진행되지 않기 때문에 아무리 다이어트를 열심히 해도 절대 살이 빠지지 않습니다. 한식처럼 다양한 반찬을 섭취할 수 있는 음식을 선택하되 지방과 당이 적은 식품(튀김이나 볶음보다 찜, 드레싱을 뿌린 샐러드보다 생채소 등)을 먹고 너무 많이 섭취하지 않도록 주의하세요.

② 회식에 대처하는 다이어터의 자세

회식이나 술자리가 너무 자주 있다면 스케줄을 미리 계획하는 습관을 만들어보세요. 술자리 횟수가 문제라면 주간별로 횟수를 조정하는 습관을 기르고, 과음하는 편이라면 술자리가 길어지지 않도록 귀가 시간을 정하세요. 회식이나 술자리에서는 어떤 안주를 선택해야 할까요?

<u>지방이 많은 안주(볶음, 튀김류)와 맵고 짠 음식은 피하세요.</u>

삼겹살이나 치킨, 중국요리 등 기름이 많은 안주는 칼로리가 높을 뿐 아니라 위에 오래 머무르기 때문에 장내에서 악취를 내거나 지방간을 유발하기도 합니다. 맵고 짠 음식은 갈증을 부르기 때문에 과음하게 만들 수 있습니다. 따라서 조개찜이나 회 종류를 선택해 채소와 함께 섭취하세요.

<u>섬유소와 비타민을 많이 함유한 과일이나 채소를 선택하세요.</u>

항산화 물질이 풍부한 과일과 채소는 알코올 분해 효소의 활성을 도와주며 숙취 해소에도 도움이 되므로 술을 마실 때는 오이나 양배추 등 채소를 많이 섭취하세요.

SPECIAL TIP ➕

저녁 식사의 양이 많거나 야식을 한다면?

'아침은 금으로, 점심은 은으로, 저녁은 동으로'라는 말이 있습니다. 같은 양의 칼로리를 섭취해도 늦은 시간에 먹으면 살이 더 찌기 때문에 나온 말입니다. 왜 그럴까요?

'인슐린과 글루카곤' 호르몬
인슐린은 일정 수준의 혈당을 유지하기 위해 혈당이 높아지면 남은 포도당을 지방으로 변환해 지방 조직에 보관하는 호르몬이고, 글루카곤은 그 반대의 역할을 하는, 즉 지방세포를 분해하는 호르몬입니다. 낮에는 글루카곤이 분비되어 칼로리가 지방으로 전환되는 양이 적지만, 밤에는 글루카곤이 분비되지 않고 활동량도 많지 않기 때문에 섭취한 음식물이 쉽게 지방으로 축적됩니다.

교감신경계와 부교감신경계
교감신경계는 활발한 아이 같은 신경계이고 부교감신경계는 잠자는 아이 같은 신경계라고 할 수 있습니다. 낮에는 활동하기 위해 교감신경계가 활발해지지만 밤에는 휴식을 위한 부교감신경계가 작동하기 때문에 늦은 시간에 식사를 하면 쉬어야 하는 상태에 일을 주는 것과 같습니다. 따라서 신경계는 혼란을 겪고, 빠른 시간에 이 혼란을 멈추기 위해 섭취한 음식물을 가장 편한 방법인 지방으로 전환하게 됩니다.

밤에 너무 배가 고프다면?
진짜 배고픈 것인지 심리적인 것인지 판단하세요. 다이어트하는 사람들은 대부분 자신이 적게 먹고 있다는 생각에 더욱 배고프다고 느끼기 쉽습니다. 이럴 때는 산책을 하거나 스트레칭을 하면 배고픔을 잊을 수 있습니다. 오이나 당근, 양배추 등 생채소 스틱이나 방울토마토 등을 물과 함께 먹어보세요. 채소에 함유된 섬유소는 많은 양의 물을 흡수해 포만감을 줍니다.

③ 다이어트 지름길 '물 마시는 습관'

물을 충분히 마시면 신체 기능을 원활하게 해주고 다이어트 시 분해되는 많은 물질의 배설을 촉진합니다. 또한 시원한 물은 장을 자극해 배변 작용을 원활하게 해줍니다. 배가 고플 때 물을 마시면 배고픔을 덜 느끼고, 식전에 물 한 잔을 마시면 음식을 조금 먹어도 포만감을 줄 수 있습니다.

물 마시는 습관 기르기

- 아침에 일어나 차가운 물을 1컵 마신다.
- 식전에 물을 1컵 마신다.
- 식사 시간이 아닌데 배가 고프다고 느낄 때, 물을 1컵 마시고 10분이 지나도 배가 고프면 그때 간식을 간단히 먹는다.
- 커피나 차에 들어 있는 카페인은 이뇨 작용을 촉진해 탈수를 일으키므로 하루 섭취량을 조절한다.
- 가까운 곳에 생수를 놓아두고 수시로 마신다.

티끌 모아 태산! 니트 운동법

'니트(NEAT: Non-Exercise Activity Thermogenesis) 운동법'이란 '비운동성 활동 열 생성 운동법'으로 일상 생활 속에서 칼로리 소모를 높이는 행동 습관을 말합니다. 이를 통해 전체 에너지 소비량의 20%를 증가시킬 수 있으며, 일반적인 사람이 하루에 소비하는 총 칼로리의 70~85%는 이러한 비운동성 활동에 의한 열 생성으로 칼로리를 소비하게 됩니다.

생활 속 니트 운동법 실천하기
얼마큼 섭취해야 할까요?

① 계단 이용하기
② 한 정류장 먼저 내려 걷기
③ 청소하기
④ 식사 후 걷기
⑤ 하루 1만 보 걷기 실천
⑥ 지하철에서 서서 가기
⑦ 서서 대화 나누기
⑧ 움직이면서 전화 통화하기
⑨ TV 볼 때 바른 자세로 앉아서 보기

저칼로리 조리법

일반적으로 하루 섭취 칼로리의 10% 정도는 조리할 때 사용하는 양념의 칼로리로, 같은 양의 재료라도 조리법에 따라 최소 150~300kcal 정도 차이가 나게 됩니다.

① 재료별 조리법

곡류

- 볶음밥, 카레라이스, 덮밥 등 밥을 이용한 한 그릇 식사를 만들 때 기름 사용량에 주의한다.
- 국수류는 양념을 활용한 비빔국수보다 육수를 활용하며, 간을 할 때 너무 짜지 않게 한다.
- 튀김보다는 삶는 형태의 조리법을 활용한다(고구마 튀김보다 삶은 고구마).

어류, 육류 및 가금류

- 육류는 지방이 적은 부위(사태, 안심 등)나 지방을 제거하여 사용하고, 가금류의 경우 지방이 적은 부위(안심, 가슴살 등) 또는 껍질을 제거하여 사용한다.
- 설탕을 많이 사용하는 조리법(탕수육, 강정 등)은 피한다.
- 튀김보다 찜 요리나 오븐에 굽는 조리법을 활용한다.

채소류 및 과일류

- 샐러드 드레싱에 주의한다.
- 가급적이면 즙의 형태보다 생채소 또는 생과일의 형태로 섭취한다.
- 생채 또는 초절임 조리법을 활용한다.
- 말린 채소나 과일은 수분이 감소하여 보유 열량이 높아지므로 섭취량에 주의한다.

② 알아두면 좋은 조리 팁

- 설탕보다 조청이나 올리고당을 활용한다.
- 양념은 설탕 → 간장 → 소금의 순으로 사용한다(설탕이 간장이나 소금보다 분자가 크기 때문에 요리에 더디게 흡수되므로 설탕을 먼저

넣어 조리한 뒤 간을 맞춘다).
- 기름을 사용하는 요리의 경우 팬에 기름을 두르고 키친타월로 기름을 닦아낸 뒤 조리한다.
- 계량컵과 계량스푼을 활용한다.

나에게 관심 갖기

 다이어트하는 동안에는 무엇보다 자신의 몸의 변화에 집중해야 합니다. 먹고 운동하는 것도 중요하지만 자신의 현재 상태(체형, 체성분 등)를 의식하며 행동하면 체중 감량 욕구를 높여줍니다.

① 전신거울 앞에서 내 몸 살피기

아침, 저녁으로 샤워하기 전에 거울 앞에서 자신의 몸을 살펴보세요.

② 체중과 체성분을 주기적으로 측정하여 기록하기

체중을 잴 때는 아침에 일어나 화장실에 다녀온 후 측정하는 것이 가장 정확합니다. 일주일에 한 번씩 측정하여 1~2kg의 체중 변화가 있다면 최근의 생활 패턴을 살펴봅니다.

③ 식사 · 운동 · 감정 기록하기

다이어트가 제대로 되고 있는지 확인하는 가장 좋은 방법은 기록하는 것입니다.

	기록 내용	알고자 하는 내용
식사 기록	식사 시간과 장소, 음식 종류와 양, 함께한 사람, 섭취 상황 등	하루 총 섭취량, 식사 내용(영양의 균형), 식사 습관 등
운동 기록	운동 시간과 장소, 운동 종류와 강도, 함께한 사람, 상황 등	운동량, 선호 vs 비선호 운동 종류, 운동하게 되는 상황 등
감정 기록	시간, 사건, 감정, 정도, 감정에 대한 반응 등	감정적 과식 여부 확인

체중 감소 시 나타날 수 있는 어려움과 대처 방안

다이어트는 힘든 과정이지만 과정을 즐기는 사람은 성공할 수 있습니다. 현재의 상황을 즐기려는 노력(다이어트 성공 후 즐거움을 생각하기, 작은 성취에도 자신을 칭찬하기)을 꾸준히 한다면 좋은 결과를 낼 수 있습니다.

① 배고픔을 극복하기 어려울 때

다이어트를 하면 배고픔은 당연히 예상되는 어려움이므로 배고픔을 다루는 방법 중 자신의 노하우를 찾는 것이 중요합니다.

- 배고픔이 느껴지는 것은 당연하다는 예상을 합니다.
- 단위당 칼로리가 높은 음식의 섭취를 줄입니다. 그래야 더 많은 양의 음식을 먹을 수 있어 결과적으로 배고픔을 줄일 수 있습니다.
- 일정한 간격으로 식사하기 위해 노력합니다.
- 하루 1,200kcal 이하의 섭취는 권장하지 않습니다. 먹는 양을 너무 과도하게 줄이면 기초대사량이 감소해 요요 현상이 빠르게 올 수 있습니다.
- 배고픔은 시간이 지나면 줄어드는 경향이 있으므로 배가 고플 때 다른 곳으로 주의를 돌릴 수 있는 활동을 하면 도움이 됩니다. 예를 들면 종로 부근의 회사원이라면 음악을 들으며 청계천을 걷거나(음식점이 보이지 않는 곳으로), 쉬고 있는 중이라면 친구와 문자나 전화 통화를 하는 것이 도움이 됩니다.

② 식사를 했거나 간식을 먹었는데도 자꾸 먹게 되는 경우

환경적 자극 줄이기

영양가 있고 만족할 수 있는 식사를 하고 몸에 좋은 간식을 규칙적으로 먹으면서 자꾸 먹게 되는 환경적 자극을 없애도록 합니다. 예를 들어 먹고 싶게 유혹하는 음식을 보관하지 않는 것, 그런 종류의 음식을 보이지 않게 보관하는 것, 식사 시간이 아니라면 음식 먹는 장소를 피하는 것 등입니다.

먹고 싶은 충동 가라앉히기

모든 충동은 시간이 지나면 가라앉게 되어 있다는 것을 아는 것이 도움이 됩니다. 이와 함께 먹고 싶은 충동이 일어날 때 이를 참으면서 운동을 하거나 친구와 전화하기, 목욕이나 반신욕 하기 등을 실천하면 훨씬 수월하게 먹고 싶은 충동을 가라앉힐 수 있습니다.

규칙적인 식사 사이에 먹게 되는 요인 조절하기

흔한 요인으로는 무료함, 불안, 우울, 분노와 같은 부정적인 기분들이 있습니다. 이런 부정적인 기분을 먹는 것으로 달래려 하기 쉬운데, 기분을 견디어내는 힘을 기르거나 먹는 대신 다른 활동에 적극적으로 참여하는 것이 좋습니다. 음악 듣기나 노래방 가기 등과 같은 기분을 북돋아주는 활동을 하면 도움이 됩니다.

작은 그릇 사용하기

주위의 평균적인 사람들과 비교해봅시다. 함께 먹을 때 끝까지 숟가락을 들고 있거나 빠르게 먹고 있지는 않나요? 이런 경우 그릇에 담는 음식의 양을 줄이거나 음식을 남겨 점차적으로 양을 줄이도록 합니다. 필요하다면 작은 크기의 그릇을 사용하는 것도 도움이 될 수 있는데 이렇게 음식의 양을 줄이면서 열량 밀도가 낮은 음식을 먹으면 좀 더 많은 양의 음식을 먹을 수 있습니다.

③ 특정 음식을 지나치게 회피하거나 고집한다면

너무 지나친 제한은 그 규칙이 조금이라도 깨지게 되면 완전히 무너지는 '모 아니면 도'의 형태로 문제를 일으킬 수 있습니다. 엄밀히 말하면 이 세상에 나쁜 음식은 없습니다. 어떤 음식, 더군다나 맛있는 음식을 영원히 안 먹을 수는 없습니다. 또 다이어트 덕분에 닭가슴살의 판매량이 급증했다고 합니다. 다이어트를 시작하면서 냉장고에 닭가슴살을 가득 채우는 분들, 버리는 경우도 많지요? 어떤 음식만 먹는다거나 어떤 음식은 아예 먹지 않는 것보다 균형 있게 적당히 먹는 것이 무엇보다 중요하다는 것을 기억하세요.

④ 지나치게 경직된 다이어트 규칙에 매달린다면

체중 감량을 힘들게 하는 흔한 문제 중 하나는 다이어트에 대한 지침을 융통성 없이 경직된 규칙으로 해석하는 문제입니다. 이렇게 되면 '모 아니면 도'의

원칙이 되어 조금만 문제가 생겨도 완전한 실패로 해석하게 되어 그동안의 노력을 물거품으로 날려버리게 됩니다. 어떤 노력도 완벽한 것은 없습니다. 융통성이 있어야 오랫동안, 또 많은 어려움을 이기며 다양한 상황하에서 계속할 수 있습니다. 물론 너무 지나친 허용도 조심해야 합니다.

⑤ 비현실적인 체중 감소 목표를 가진 경우

이런 경우 체중이 일정 기간 동안 목표대로 특정 양이 줄지 않으면 낙담해 포기할 수 있습니다. 사람은 기계가 될 수 없으므로 길게, 전체적으로 볼 필요가 있으며 장기 계획과 일주일간의 목표를 설정하여 줄여나가는 방법을 생활화해야 합니다.

⑥ 마음을 달래기 위해 음식을 먹는다면

음식물을 편안함을 누리는 것으로 여기거나 보상물로 사용하는 것은 특히 바꾸어야 할 습관입니다. 이런 문제를 해결하는 방법 중 하나는, 음식으로 자신에게 상을 주거나 편안함을 주고 싶은 욕구가 있을 때 15분간 그렇게 하는 것을 지연하는 노력을 하는 것입니다. 이렇게 지연하면 먹고 싶은 욕구가 줄어든다는 것을 경험할 수 있으며 자신에게 상을 주거나 편안함을 줄 수 있는 다른 방법을 발견하도록 노력해야 합니다.

포기하고 싶어질 때는 체중 감량 목표를 다시 한 번 설정해보세요. 가장 현실적인 체중 감량 목표는 자신의 현재 체중에서 10~15%를 감량하는 것입니다. 그리고 체중 감량 후 얻을 수 있는 이점과 다시 예전으로 돌아간 모습을 비교해보세요. 어떤 것이 더 나을까요? 또한 다이어트로 체중 감량을 이룬 뒤의 현실적인 목표를 세워보세요. 체중을 얼마큼 감량하겠다는 것보다 자신이 입고 싶은 사이즈의 바지를 입겠다는 것이 더욱 현실적인 목표일 수 있습니다.

05
STEP

유행 다이어트 이해하기

구분	방법	특징	종류
단식	물만 마시며 칼로리가 있는 음식은 전혀 섭취하지 않는 방법.	• 감량 단계에서는 체수분과 체단백질이 주로 손실되고 체중 증가 단계에서는 체지방이 증가하여 체내 지방 비율을 늘리게 됨. • 부작용: 케톤증, 저혈압, 담석증 등.	
고단백질 저탄수화물 다이어트	단백질이 많은 육류, 생선, 닭고기, 달걀, 우유, 치즈 위주로 식사하고 곡류와 과일, 채소 중에서 탄수화물이 포함된 일부 식품은 제한하는 방법.	• 식품 섭취가 제한됨에 따라 비타민, 무기질의 섭취량이 부족해지고 탄수화물 섭취량이 적어 케톤증, 체질의 산성화, 혈중 요산 증가, 메스꺼움, 피로, 탈수 등이 유발될 수 있으. • 고단백질 식사는 포화지방산이나 콜레스테롤 함량이 높아 심혈관 질환 위험도가 증가하게 됨.	앳킨스 다이어트 덴마크 다이어트
저탄수화물 다이어트	고단백질 식사를 주로 하지만 하루 한 끼 정도는 소량의 탄수화물을 섭취하는 방법.	• 잡곡 등 복합 탄수화물이 들어 있는 음식은 섭취 가능하나 설탕, 포도당, 과당 등 단순당이 들어 있는 과일, 과일주스, 빵, 감자, 카페인 음료, 스낵 등은 철저히 제한.	존 다이어트 데이 미러클 다이어트 슈거 버스터즈 다이어트
고탄수화물 저지방 다이어트	지방 섭취량을 줄이고 설탕이나 감미료를 제한하는 대신 과일, 채소, 곡류 등 수분이 많이 함유된 탄수화물 식품을 주로 섭취하는	• 식이섬유소가 풍부하기 때문에 어느 정도 포만감을 얻을 수 있으나 단백질, 특히 필수아미노산, 비타민, 무기질이 부족할 수 있고 장기적으로 골다공증, 빈혈 등의 문제가 생길 수 있음.	스즈키 다이어트 비벌리힐스 다이어트 죽 다이어트
원푸드 다이어트	한 가지 식품만 계속 섭취하는 방법.	• 오래 지속하기 어렵고 칼로리뿐만 아니라 모든 영양소의 섭취가 극도로 제한되어 영양 결핍이 될 가능성이 높으며 요요 현상이 일어나기 쉬움.	과일 다이어트 채소 다이어트 강냉이 다이어트 콩 다이어트

고지방 저탄수화물 다이어트의 허와 실

고지방 저탄수화물 다이어트 특징

① 지방을 많이(60~90%) 먹고, 탄수화물을
 조금만(0~10%) 먹어라.

② 마블링이 많은 돼지고기, 쇠고기와 버터, 치즈
 등을 주로 먹어라.

③ 밥은 하루 반 공기만 먹어라.

④ 한 번에 많이, 배부를 때까지 먹어라.

요즘 다이어트 방법으로 최대 이슈가 되고 있는 '고지방 저탄수화물 다이어트'. 지방을 많이 먹을수록 살이 빠지고 건강에도 좋다는 방송을 보고 따라 하는 사람을 적지 않게 볼 수 있습니다. 아침에 일어나면 버터를 넣은 커피로 하루를 시작하고, 점심에는 빵을 뺀 햄버거에 고기 패티를 추가해서 먹고, 저녁엔 삼겹살을 버터로 구워 먹는 식단. 이것이 바로 고지방 저탄수화물 식단의 예시인데요. 종전에는 다이어트하는 사람에게 이런 식단은 상상도 할 수 없는 일이었지만 실제로 이렇게 먹고 살을 뺐다는 사람들이 나타났습니다. 또한 이런 고지방식이 다이어트뿐만 아니라 심장 질환이나 당뇨병에도 악영향을 미치지 않고 오히려 더 좋아진다는 연구 결과도 있다고 합니다. 정말 지방을 많이 먹을수록, 탄수화물을 적게 먹을수록 우리 몸에 좋은 걸까요?

이런 상황을 우려해 국내 5개 학회(대한내분비학회, 대한당뇨병학회, 대한비만학회, 한국영양학회, 한국지질동맥경화학회)는 '고지방 저탄수화물 식단'이 장기적으로 체중 감량 효과를 보기 어렵고 영양학적인 문제를 일으킬 수 있다는 내용의 공동 성명서를 발표했습니다. 이들 학회가 '고지방 저탄수화물 식단'을 우려한 이유는 다음과 같습니다.

① 일상적인 식단에서 탄수화물 과다 섭취를 피하는 수준을 넘어, 탄수화물을 전체 칼로리의 5~10% 정도로 줄이고 대신 지방 섭취를 70% 이상으로 늘리는 비정상적인 식사법이다.

② '고지방 저탄수화물 식단'으로 단기간 체중 감량 효과가 나타날 수 있지만 장기적인 효과를 보기는 어렵다. 이 식사법은 조기 포만감을 유도해 식욕을 억제하며, 먹을 수 있는 식품 종류를 제한해 섭취량이 줄면서 단기간에 체중 감량 효과를 낼 수 있지만, 이를 지속하기 어려워 실제 연구에서는 중단율이 상당히 높다.

③ 지방 중에서도 특히 포화지방을 과다하게 섭취하면 LDL 콜레스테롤(나쁜 콜레스테롤) 수치가 증가하면서 심혈관 질환의 발생 위험이 높아지며, 다양한 음식을 섭취하기 어려워 미량 영양소의 불균형과 섬유소 섭취 감소를 초래한다. 과도한 지방 섭취와 섬유소 섭취 감소는 장내 미생물의 변화와 함께 산화 스트레스를 일으켜 우리 몸의 염증 반응을 증가시킨다.

④ 탄수화물 섭취가 극도로 제한되면 케톤산이라는 물질이 체내에 증가해 우리 몸의 산성화를 막기 위해 근육과 뼈에 나쁜 영향을 줄 가능성이 높아지며, 뇌로 가는 포도당이 줄면서 집중력이 떨어지고 몸에 유익한 복합 당질이 부족해진다.

학회가 제시한 건강한 식단을 위한 실천사항 3가지

① 자신의 식사 습관 정확히 파악하기.

② 몸에 좋지 않은 단순당과 포화지방 우선적으로 줄이기.

③ 고혈압, 당뇨병, 심혈관 질환 환자는 식단 신중하게 선택하기.

다이어트 불변의 진리는 '칼로리 적자 상태'를 유지하는 것입니다. 적절하게 먹고 많이 움직이는 것이지요. 장기간 지속적인 다이어트 효과를 얻기 위해서는 자신이 어떤 '주 영양소(탄수화물, 지방, 단백질)' 비율'의 식단을 선호하는지 파악하고, 이런 취향을 반영해 건강한 맞춤 식단으로 칼로리 섭취를 줄이는 것이 바람직합니다.

살찌지 않는 영양밥 짓기

현미밥

현미에 함유된 피트산이 몸속 독소를 없애주고 지방의 흡수를 억제하는 효과가 있어 다이어트에 도움이 된다.

현미: 1컵, 물: 1과 1/2컵

01 현미는 깨끗이 씻어 물에 담가 반나절 정도 불린다. 또는 하루 전날 물에 담가 냉장고에 넣어둔 뒤 사용한다.

02 불린 현미를 체에 밭쳐 물기를 충분히 뺀 뒤 냄비에 담고 분량의 물을 부어 센 불에 올린다.

03 7~8분이 지나 끓어오르면 약한 불로 줄여 20~22분간 뭉근하게 뜸 들이듯 익힌다. 불을 끄고 위아래를 섞은 뒤 뚜껑을 덮고 20분간 두어 뜸을 들인다.

율무밥

율무는 혈관에 쌓인 지방을 배출해주며 포만감을 주어 식욕을 억제하는 효과가 있어 비만 환자에게 가장 많이 권하는 곡류이다.

현미: 2/3컵, 율무: 1/2컵, 물: 1과 3/4컵

01 현미와 율무는 함께 깨끗이 씻어 물에 담가 반나절 정도 불린다. 또는 하루 전날 물에 담가 냉장고에 넣어둔 뒤 사용한다.

02 ①을 체에 밭쳐 물기를 충분히 뺀 뒤 냄비에 담고 분량의 물을 부어 센 불에 올린다.

03 7~8분이 지나 끓어오르면 약한 불로 줄여 20~22분간 뭉근하게 뜸 들이듯 익힌다. 불을 끄고 위아래를 섞은 뒤 뚜껑을 덮고 20분간 두어 뜸을 들인다.

렌틸콩밥

렌틸콩에는 단백질, 식이섬유, 칼륨, 엽산, 철분, 비타민 B 등 다양한 영양소가 풍부하게 들어 있어 다이어트할 때 영양소가 부족해지지 않도록 도움을 준다.

렌틸콩: 1/2컵, 쌀: 1컵, 물: 1과 3/4컵

01 렌틸콩과 쌀은 함께 깨끗이 씻어 찬물에 30분간 불린 뒤 체에 밭쳐 물기를 충분히 뺀다.

02 냄비에 ①을 담고 분량의 물을 부은 뒤 센 불에 올린다.

03 7~8분이 지나 끓어오르면 약한 불로 줄여 8분간 끓인다. 불을 끄고 위아래를 섞은 뒤 뚜껑을 덮고 20분간 두어 뜸을 들인다.

퀴노아현미밥

퀴노아는 세계 10대 건강식품으로 선정될 만큼 풍부한 영양소를 갖추고 있다. 알레르기를 유발하는 글루텐을 함유하지 않아 소화장애가 있는 사람에게 좋다.

현미: 1컵, 퀴노아: 1/2컵, 물: 2컵

01 현미는 깨끗이 씻어 물에 담가 반나절 정도 불린다. 또는 하루 전날 물에 담가 냉장고에 넣어둔 뒤 사용한다.

02 체에 밭쳐 물기를 뺀 ①과 깨끗이 씻어 물기를 뺀 퀴노아를 함께 냄비에 담고 분량의 물을 부어 센 불에 올린다.

03 7~8분이 지나 끓어오르면 불을 아주 약하게 줄여 20~22분간 뭉근하게 뜸 들이듯 익힌다. 불을 끄고 위아래를 섞은 뒤 뚜껑을 덮고 20분간 두어 뜸을 들인다.

잡곡밥

잡곡은 단백질과 각종 미네랄, 비타민 등 영양 성분을 풍부하게 함유하고 있어 면역력을 높이는 데 도움을 준다.

잡곡(또는 혼합곡): 1컵, 물: 1과 2/3컵

01 잡곡을 한데 섞어 깨끗이 씻은 뒤 물에 담가 반나절 정도 불린다.

02 ①을 체에 밭쳐 물기를 뺀 뒤 냄비에 담고 분량의 물을 부어 센 불에 올린다.

03 7~8분이 지나 끓어오르면 약한 불로 줄여 20~22분간 뭉근하게 뜸 들이듯 익힌다. 불을 끄고 위아래를 섞은 뒤 뚜껑을 덮고 20분간 두어 뜸을 들인다.

건강한 다이어트식 양념 만들기

02

1) 전통 장류를 활용한 양념   : 닭가슴살 쌈장

🛒 **재 료 준 비**

	무엇	얼마나
(01)	닭가슴살(다진 것)	1개 분량
(02)	고추장·된장·물·청주	1작은술씩
(03)	참기름·다진 마늘·꿀	1/2작은술씩
(04)	후춧가루	약간

01

팬에 물을 살짝 두르고,
다진 닭가슴살을 볶는다.

02

닭가슴살이
고슬고슬해질 때까지 볶다가

03

양념을 넣어

04

고루 섞어가며 조린다.

다이어트 요리의 기본

: 강된장

🛒 재 료 준 비

	무엇	얼마나
(01)	멸치 국물	1/2컵
(02)	집된장·다진 돼지고기	1큰술씩
(03)	애호박	1/4개(90g)
(04)	양파(중간 크기)	1/6개(30g)
(05)	청양고추	1/3개
(06)	감자(중간 크기)	1/6개(20g)
(07)	다진 마늘	1/3작은술

01

양파와 청양고추는
곱게 다진다.

02

애호박은 잘게 다진다.

03

감자는 껍질을 벗겨
강판에 간다.

04

냄비에 돼지고기와
집된장을 넣고 약한 불에서 조금
눋듯이 볶는다.

05

④에 멸치 국물을 붓고 ①의
양파와 청양고추, ②의 애호박,
다진 마늘을 넣어 고루 섞으며
애호박이 익을 때까지 끓인다.

06

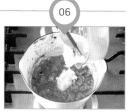

5~6분간 중간 불로 더
끓이다가 강판에 간 감자를 넣고
1분가량 끓여 살짝 익힌다.

 요리 팁

돼지고기는 넣지 않아도 된다.

: 쇠고기 약고추장

🛒 **재료 준비**

	무엇	얼마나
(01)	다진 쇠고기	100g
(02)	고추장·고춧가루	1큰술씩
(03)	다진 마늘	1/4작은술
(04)	꿀	1작은술
(05)	참기름·통깨·포도씨유	1/3작은술씩
(06)	청주	1큰술

01 다진 쇠고기와 다진 마늘, 통깨를 제외한 재료를 한데 넣어 섞는다.

02 팬에 참기름과 포도씨유를 섞어 두르고 다진 마늘, 다진 쇠고기를 넣고 볶다가 물 2큰술을 1큰술씩 나누어 넣어가며 볶는다.

03 ①의 양념을 넣고 물기가 살짝 남을 때까지 걸쭉하게 볶는다. 마지막에 통깨를 넣어 섞는다.

🍳 요리 팁

**쇠고기의 잡냄새를 없애려면
후춧가루를 뿌려두었다 사용한다.**

2) 채소 소스 : 양파 소스

(05) (01)
(04) (06)
(02) (03)

🛒 재료 준비

무엇	얼마나
(01) 양파채	50g
(02) 현미식초	4작은술
(03) 다진 마늘	1/4작은술
(04) 꿀	1작은술
(05) 소금	1/3작은술
(06) 포도씨유	2큰술

01

양파채는 30분간 물에 담가
매운맛을 빼고 건져
물기를 없앤다.

02

양파채를 믹서에 넣는다.

03

현미식초, 나진 마늘, 꿀,
소금을 ②에 함께 넣고
포도씨유를 1큰술씩 나누어
넣어가며 곱게 간다.

02. 건강한 다이어트식 양념 만들기

3) 콩을 활용한 소스   : 두유 요구르트 디핑 소스

🛒 재 료 준 비

	무엇	얼마나
(01)	두유	3큰술
(02)	저지방 요구르트	2큰술
(03)	올리브유·식초	2작은술씩
(04)	파슬리가루	2작은술
(05)	레몬즙	2작은술
(06)	소금·후춧가루	약간씩

01

볼에 요구르트, 올리브유,
레몬즙, 식초, 소금,
후춧가루를 넣어 섞는다.

02

①에 두유를 넣어 잘 섞는다.

03

②에 파슬리가루를 넣어
고루 섞는다.

: 이집트콩 디핑 소스(후무스, hummus)

🛒 재료 준비

	무엇	얼마나
(01)	병아리콩(이집트콩)	100g
(02)	볶은 참깨·레몬즙	1큰술씩
(03)	볶은 아몬드	10알
(04)	다진 마늘	1작은술
(05)	물	1/2~3/4컵
(06)	올리브유·소금	약간씩

01

병아리콩은 깨끗이 씻은 뒤 물을
충분하게 부어 반나절 정도 불린
다음 체에 밭쳐 물기를 뺀다.

02

불린 병아리콩을 냄비에
담고 물을 3컵 정도 부은 뒤
소금을 넣고 센 불에 올린다.
끓어오르면 약한 불로 줄여
40분 정도 충분히 삶는다.

03

삶은 병아리콩을 체에 밭쳐
물기를 뺀 뒤 볼에 담고
나머지 재료를 모두 넣어
믹서로 곱게 간다. 마지막에
올리브유를 조금 더 둘러 낸다.

 요리 팁

**재료를 물과 함께 갈 때 1/2컵의
물을 먼저 부어 갈다가 너무 되면
나머지 물을 섞어 간다.**

4) 올리브유를 활용한 드레싱

: 발사믹 올리브유

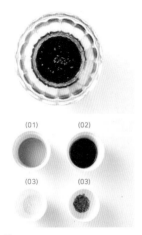

🛒 **재 료 준 비**

(01) 엑스트라 버진 올리브유: 1큰술
(02) 발사믹 식초: 2작은술
(03) 소금·후춧가루: 약간씩

: 레몬 올리브유

🛒 **재 료 준 비**

(01) 엑스트라 버진 올리브유: 2큰술
(02) 레몬즙: 2작은술 (03) 꿀: 1작은술
(04) 소금·후춧가루 약간씩

: 씨겨자 올리브유

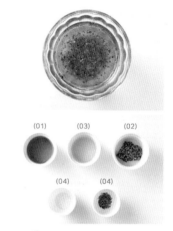

🛒 **재 료 준 비**

(01) 엑스트라 버진 올리브유: 3큰술
(02) 홀그레인 머스터드(씨겨자): 2작은술
(03) 식초: 2큰술
(04) 소금·후춧가루: 약간씩

: 머스터드 올리브유

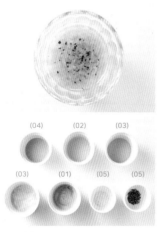

🛒 **재 료 준 비**

(01) 머스터드: 1/2큰술 (02) 식초: 1과
1/2큰술 (03) 다진 양파·꿀: 2작은술씩
(04) 엑스트라 버진 올리브유: 1작은술
(05) 소금·후춧가루: 약간씩

: 석류 올리브유

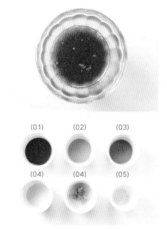

🛒 **재 료 준 비**

(01) 석류 주스: 2큰술 (02) 엑스트라
버진 올리브유: 1큰술 (03) 레드 와인
비네거: 1작은술 (04) 레몬즙·다진 마늘:
1/2작은술씩 (05) 소금: 1/4작은술

일반 다이어트 요리 노하우

1) 건강한 분식 : 기름기 쪽 뺀 라면

🛒 재 료 준 비

	무엇	얼마나
(01)	라면·청양고추	1개씩
(02)	양파	1/2개
(03)	대파	1/2대
(04)	물	500ml
(05)	스프	1/3봉지

01 양파는 얇게 채 썬다.

02 대파와 청양고추는 어슷썰기한다.

03 끓는 물에 채 썬 양파와 면을 넣고 2분가량 끓인 뒤 면만 건진다.

04 물을 다시 끓여 면과 스프를 넣는다.

05 ④에 ②의 대파와 청양고추를 넣고 20~30초간 끓인 뒤 불을 끈다.

: 건강한 떡볶이

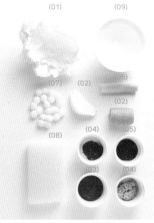

🛒 재 료 준 비

	무엇	얼마나
(01)	양배추 잎	2장
(02)	양파·당근	1/6개씩
(03)	고춧가루	2큰술
(04)	고추장·다진 마늘·올리고당	1큰술씩
(05)	국간장	2작은술
(06)	대파: 1/2대	(08) 곤약: 250g
(07)	조랭이떡: 10개	(09) 물: 1컵

01 양파는 채 썰고 당근은 반달썰기한다.

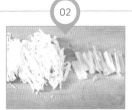

02 양배추 잎은 채 썰고 대파는 길이 방향으로 반으로 갈라 4등분한다.

03 곤약은 조랭이떡과 같은 크기로 썬다.

04 냄비에 곤약을 넣고 1~2분간 볶다가 물을 2큰술 정도 넣어 1분간 볶은 뒤 찬물에 헹군다.

05 냄비에 물을 2큰술 정도 두르고 양배추채와 ①의 당근을 넣어 양배추채가 한 숨 죽을 때까지 볶는다.

06 ⑤에 다진 마늘, 양파채, 조랭이떡, 볶은 곤약을 넣어 섞는다.

07 물 1컵과 국간장을 넣고 끓여 국물이 조금 졸아들면 고춧가루를 넣고 끓이다가 고추장과 올리고당을 넣어 섞는다.

08 떡이 어느 정도 익으면 파를 넣고 불을 끈다.

2) 저염식 국 만들기　　　: 콩나물국

🛒 재 료 준 비

	무엇	얼마나
(01)	콩나물	200g
(02)	멸치 국물	2컵
(03)	소금	약간
(04)	송송 썬 대파	1큰술
(05)	다진 마늘·국간장	1작은술씩

01

콩나물은 미디에 남은 껍질을
벗겨가며 깨끗이 씻는다.

02

대파는 송송 썬다.

03

냄비에 콩나물과 물 1/2컵,
소금을 넣고 뚜껑을
덮은 뒤 중간 불에서 2~3분간
콩나물을 익힌다.

04

다진 마늘을 넣어 고루 섞어가며
볶는다.

05

멸치 국물을 붓고 센 불로 바꿔
부르르 끓어오르면

06

대파와 국간장을 넣어 한소끔
끓인 뒤 불을 끈다.

: 시금칫국

🛒 재료 준비

무엇	얼마나
(01) 시금치	200g
(02) 멸치 국물+물	2컵+1컵
(03) 된장·송송 썬 대파	1큰술씩
(04) 다진 마늘	1작은술

01

시금치는 뿌리 부분을
자르고 씻어

02

끓는 물에 10초간 데친 뒤
찬물에 헹궈 물기를 짠다.

03

냄비에 멸치 국물과 물을 붓고
불에 올려 팔팔 끓으면 된장을
체에 밭쳐 풀어 넣는다.

04

끓는 국물에 데친 시금치를
넣고 뚜껑을 덮어 센 불에서
4~5분간 끓인다.

05

다진 마늘과

06

송송 썬 대파를 넣어 한소끔
끓으면 불을 끈다.

🍲 요리 팁

**국을 끓일 때 시금치를 생으로 넣으면
국물이 검어지므로 살짝 데쳐 넣어야 국물
색이 좋다. 시금치를 데칠 때는 다시 국에
넣어 끓이므로 끓는 물에 담갔다가 건지는
정도로 살짝 데쳐야 한다.**

: 미역국

🛒 재 료 준 비

무엇	얼마나
(01) 건미역	10g
(02) 멸치 국물	2컵
(03) 물	2컵
(04) 참기름·다진 마늘	1작은술씩
(05) 국간장	1큰술

01

건미역은 깨끗이 씻어 볼에 담고
찬물을 충분히 부어 30분간 불린
뒤 체에 밭쳐 물기를 뺀다.

02

냄비를 불에 올려 달궈지면 멸치
국물 2큰술과
참기름을 두르고

03

불린 미역과 다진 마늘을 넣어

04

미역이 파래질 때까지
중간 불로 볶는다.

05

④에 멸치 국물과 물 1컵을 붓고 센 불로 바꿔
부르르 끓어오르면 다시 중간 불로 줄여 뭉근하게
충분히 끓인다. 이때 국물이 졸아들면 물 1컵을
나누어 부어가며 조절한다.

06

미역이 충분히 부드러워지고
국물이 진해지면 국간장을 넣어
한소끔 끓인 뒤 불을 끈다.

: 미역냉국

🛒 재 료 준 비

무엇	얼마나
(01) 건미역	10g
(02) 멸치 국물	2컵
(03) 식초	3큰술
(04) 올리고당	1큰술
(05) 국간장	1/2큰술
(06) 마늘즙	1작은술
(07) 청·홍고추	1/3개씩
(08) 오이 1/4개	(09) 양파 1/6개

01

건미역은 깨끗이 씻어 볼에 담고 찬물을 충분히 부어 30분간 불린 뒤 체에 밭쳐 물기를 뺀다.

02

냄비에 멸치 국물 2큰술과 마늘즙, 불린 미역을 넣어 달달 볶은 뒤 차게 식힌다.

03

오이와 양파는 곱게 채 썬다.

04

청·홍고추는 송송 썬다.

05

볼에 멸치 국물, 식초, 올리고당, 국간장를 넣어 섞은 뒤 냉장고에 두어 차갑게 한다.

06

차게 식힌 미역과 오이채, 양파채, 송송 썬 청·홍고추를 그릇에 담고 ⑤의 냉국을 부어 완성한다.

04

대표 다이어트 식재료
건강하게 준비하기

: 브로콜리 손질 및 데치기

🛒 재 료 준 비

브로콜리 1개, 베이킹소다 적당량, 소금 약간

01

브로콜리는 작은 송이로 떼어
큰 것은 반으로 가른다. 질긴
밑동은 잘라내고 나머지 줄기는
먹기 좋은 크기로
작게 썬다.

02

볼에 손질한 브로콜리를 넣고
베이킹소다를 적당량 뿌린 뒤
물을 부어 흔들어 씻은 다음
그대로 5분간 두었다가 건져
흐르는 물에 깨끗이 씻어 물기를
뺀다.

03

끓는 물에 소금을 약간 넣고
30초~1분간 데쳐 찬물에 헹군
뒤 물기를 뺀다.

: 닭가슴살 삶기

🛒 재 료 준 비

닭가슴살 1개, 닭가슴살 삶는 물(닭가슴살이 잠길 정도의 물, 소금
1과 1/2~2작은술, 청주 2~3큰술, 다시마(5×5cm) 1장)

01

닭가슴살은 흐르는 물에 씻어
밀대 또는 칼등으로 가볍게
두드린다.

02

냄비에 청주를 제외한 닭가슴살
삶는 물 재료를
모두 넣고 한소끔 끓인다

03

불을 끄고 다시마는 건져낸 뒤
청주와 닭가슴살을 넣고 뚜껑을
덮어 20분 정도 둔 다음 닭가슴살을
꺼내 랩으로 덮어둔다.

: 고구마 · 단호박 · 알감자 찌기

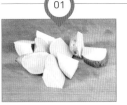

01 고구마는 깨끗이 씻어 껍질째 먹기 좋은 크기로 썬다.

02 단호박은 깨끗이 씻어 반으로 갈라 씨를 긁어낸 뒤 먹기 좋은 크기로 썬다.

03 알감자는 껍질째 깨끗이 씻어 반으로 가른다.

04 재료를 각각 그릇에 담아 랩으로 감싼 뒤 전자레인지에 넣어 2~5분간 찐다.

: 양배추 심지 제거해 찌기

01 도마 위에 양배추 잎을 뒤집어 올려놓고 칼을 눕혀 두꺼운 심지 부분을 저민다.

02 손질한 양배추 잎을 한 김 오른 찜기에 차곡차곡 올려 뚜껑을 덮고 찐다.

: 견과류(잣, 호두, 아몬드) 볶기

01
견과류는 체에 밭쳐 가루를
털어낸다.

02
마른 팬을 센 불로 달궈
뜨거워지면 약한 불로 바꾼 뒤
견과류를 넣는다. 주걱으로
잘 저어가며 타지 않고
노릇노릇하도록 5~7분간
볶는다.

03
넓은 접시에 펼쳐 담아
식힌다. 잣은 종이타월에 감싸
밀폐용기에 보관한다.

: 달걀흰자 프라이 하기

01
달걀을 흰자만 분리해 담는다.

02
팬을 약한 불에 올려 서서히
달군 뒤 열이 충분히 오르면
식용유를 살짝 두른다.

03
식용유를 종이타월로 닦아내고
달걀흰자를 부어 앞뒤로
노릇하게 부친다.

05

다이어트 계량 도구

: 계량스푼

1Ts은 15g으로 담았을 때
윗면을 평평하게 깎아서 잰 양이며
1ts은 1Ts의 1/3 분량이다.
※ 본 책의 레시피에는 계량스푼을
사용하여 큰술, 작은술로 표기.

: 숟가락

1큰술은 15g으로 큰 숟가락에 담았을 때
약간 볼록하게 올라온 정도를 말한다.

: 티스푼

1작은술은 5g으로 작은 숟가락에 담았을
때 약간 볼록하게 올라온 정도를 말한다.

: 계량컵

눈금에 맞춰 정확한 계량이 가능하다.
※ 본 책의 레시피는 계량컵을 사용해 계량했다.

: 계량저울

재료의 무게를 측정하는 데 사용한다.

: 계량 도구가 없을 때의 계량 기준

종이컵 1컵은 200ml로 일반 종이컵에
가득 담은 양이다.

: 손 계량법

약간: 2g 정도로 엄지와 검지 끝을
맞붙여 잡은 양을 말한다.

한 줌: 한 손 가득 담거나 쥐는 양을 말한다.

06

재료 손질법

: 납작 썰기

3cm 정도 크기의 정육면체나 직육면체로 썬 뒤,
일정한 두께로 납작하게 써는 것.

: 돌려 썰기

오이, 호박 등을 6~7cm 길이로 토막 낸 뒤,
겉껍질부터 한 겹씩 돌려 깎아 써는 것.

: 다지기

마늘, 대파, 양파 등을 얇게 채썬 뒤, 포개서 잘게 써는 것.

: 채 썰기

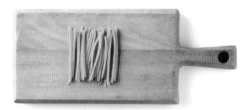

납작 썰기 한 것을 가지런히 포개서 펼친 후 약 0.2cm
두께로 얇고 길게 썰거나, 0.5cm 이상으로 굵게 써는 것.

: 어슷썰기

칼을 45도로 돌려서 납작하게 써는 것.

: 반달썰기

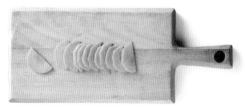

당근이나 호박을 세로로 2등분한 뒤 원하는 두께로
반달 모양으로 써는 것.

다이어트를 위한
초간단 테마 레시피

다이어트 요리의 기본

1) 반찬으로 좋은 초절임

: 양파 초절임

1. 양파 껍질을 깐 후 사방 3cm 크기로 썬다.
2. 냄비에 절임물 재료를 넣고 설탕이 녹을 때까지 끓인다.
3. 소독한 병에 양파를 넣고 절임물을 붓는다.
4. 실온에서 하루 동안 숙성 후 냉장실에 보관한다.

: 연근 초절임

1. 연근을 적당한 크기로 얇게 썬다.
2. 끓는 물에 식초를 조금 넣고 연근을 데친다.
3. 연근을 체에 건져 찬물에 충분히 헹군다.
4. 소독한 병에 연근를 넣고 절임물을 붓는다.

: 오이 초절임

1. 오이는 굵은 소금으로 비벼 깨끗이 씻은 후 물기를 제거한다.
2. ①의 오이를 적당한 크기로 썬다.
3. 소독한 병에 오이를 넣고 절임물을 붓는다.
4. 실온에서 하루 동안 숙성 후 냉장실에 보관한다.

: 아스파라거스 초절임

1. 아스파라거스는 끓는 물에 2분 정도 데친다.
2. ①의 데친 아스파라거스를 적당한 크기로 썬다.
3. 소독한 병에 아스파라거스를 넣고 절임물을 붓는다.
4. 실온에서 하루 동안 숙성 후 냉장실에 보관한다.

: 절임물 비율

물 1과 1/2컵(300ml)
식초 1/2컵(100ml)
매실액 4큰술
굵은소금 1작은술(5g)

월계수잎 1장(1g)
정향 3개(1g)
통후추 1/3작은술(1g)

＊양파 1개, 오이 1개, 연근 1개,
아스파라거스 3개 기준.

2) 다이어트에 좋은 10칼로리 미만 티

: 아메리카노

시럽을 넣지 않은 상태로 섭취. 체내 지방을 분해하는 효과가 있어 체중 조절에 좋다.

: 마테차

13가지 비타민과 미네랄 등 영양소가 풍부해 체력 보강에 도움을 준다. 운동 중에 섭취하면 탄수화물 분해를 도와 칼로리 소모를 가속화한다.

: 팥차(부기)

이뇨 작용이 탁월해 부종에 효과가 있다. 불린 팥 1/4컵에 물 5컵을 넣고 끓여 마신다.

: 녹차

비타민 C가 풍부하게 들어 있어 피부와 신체 노화의 원인이 되는 활성산소를 억제한다.

: 우엉차(변비)

비만을 유발하는 장내 독소를 제거하는 효능이 있다.

: 검은콩차

체내의 불필요한 물질을 배출하는 효과가 있다. 깨끗이 씻어 말린 검은콩 30g을 프라이팬에서 7분가량 볶은 후 물 3컵을 넣고 끓인다. 진할 경우 물을 더 넣어 마셔도 된다.

3) 집에서 만드는 초간단 저칼로리 술안주

: 당근칩

: 연근칩

: 고구마칩

: 단호박칩

: 사과칩

이렇게 만드세요!

고구마, 당근, 연근, 단호박,
사과 등의 재료를 얇게 썬 후
오븐에 굽거나 말린다.

4) 스트레스 해소에 좋은 달콤한 다이어트 디저트

: 귤 요구르트

: 바나나 요구르트

: 블루베리 요구르트

: 자몽 요구르트

: 홍시 요구르트

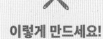

이렇게 만드세요!

저지방 플레인 요구르트에
좋아하는 과일을 얹어 먹는다.
간단한 디저트로 활용하기
좋다.

01

몸이 가벼워지는
주스 & 스무디

채소와 과일은 생것으로 먹는 것이 영양학적으로 가장 좋은 섭취 방법이지만, 하루 섭취해야 하는 양이 350~ 400g인 것을 감안해볼 때, 건강 주스를 마시는 습관은 많은 양을 한 번에 섭취할 수 있다는 장점을 가지고 있습니다. ● 하지만 주스나 스무디 전문점에서 시판되는 음료는 단맛을 강하게 내는 경우가 많은데, 이는 채소 특유의 향이나 맛이 강해서, 또는 갈았을 때 단맛이 줄기 때문에 맛을 내기 위해 설탕이나 시럽을 다량 첨가하기 때문입니다. ● 이번 파트에서 소개하는 레시피에는 채소와 과일 본연의 건강함과 맛을 살리는 노하우를 담았습니다. ● 식사 대용으로 과일과 채소만을 이용한 주스를 먹는 경우 단백질이 부족하고 포만감이 적기 때문에 단백질 식품(달걀흰자 2개 분량 또는 닭가슴살 100g 정도)과 함께 섭취하는 것이 영양 밸런스를 위해 바람직합니다. ● 단백질 식품을 함께 넣어 만든 스무디는 주스보다 포만감이 월등히 높고 영양적으로도 우수하므로 건강과 포만감을 원한다면 스무디를 섭취하세요.

다이어트 조리법 POINT!

· 요거트를 사용할 때는 당류와 지방 함량을 영양 성분표에서 확인하세요.
  본 레시피에서는무가당 저지방(무지방) 그릭 요거트를 사용했습니다.

· 두유는 당(설탕)이 첨가되지 않거나 당 함량이 낮은 제품을 선택했습니다.

· 과일보다는 채소의 양을 많이 사용할 것을 권장합니다.

· 단맛이 필요할 때는 설탕 대신 원당(비정제 설탕), 조청, 꿀 등을 소량 첨가하거나 차갑게 섭취하면 주스의 맛을 높일 수 있습니다.

· 착즙보다는 재료 전체를 갈아 식이섬유까지 섭취하는 것이 바람직합니다.

비트의 빨간색이 맛으로 그대로 전해지는

ABC 주스

86
kcal

5
분 요리

🛒 재 료 준 비

(01)

(02)

(03)

(04)

	무엇	얼마나
(01)	사과	90g
(02)	비트	30g
(03)	당근	90g
(04)	식초	약간
(05)	물	3/4컵(150ml)

면역력을 높여주고 노폐물 배출에 도움을 주는 ABC 주스! 사과, 비트, 당근의 영양을 한 잔에 담았습니다.

🧤 요 리 하 기

01

02

03

04

사과와 비트, 당근은 껍질째 깨끗이 씻어 식초를 약하게 탄 물에 10분간 담가 잔류 농약을 충분히 없앤 뒤 다시 흐르는 물에 깨끗이 씻는다.

사과는 씨 부분을 제거한다.

모든 재료를 갈기 좋은 크기로 썬 뒤

블렌더에 물과 함께 넣어 간다.

붉은색이 돋보이는 주스

토마토파프리카 주스

40
kcal

5
분 요리

재료 준비

(03)   (01)

(04)   (02)

무엇	얼마나
(01) 토마토(작은 것)	1개
(02) 빨강 파프리카	1/2개
(03) 물	1/2컵
(04) 꿀	1작은술

토마토의 주요 성분인 라이코펜은 항산화 영양소 중 으뜸으로 꼽히는 성분으로, 바이러스와 스트레스에 대한 저항력을 높여줍니다.

요리 하기

01

파프리카는 반으로 갈라 씨와 하얀 속 부분을 제거한다.

02

①을 갈기 좋은 크기로 썬다.

03

토마토는 꼭지를 떼고 갈기 좋은 크기로 썬다.

04

믹서에 모든 재료를 넣어 곱게 간다.

다이어트 팁

토마토를 설탕과 함께 섭취하면 당질 대사를 촉진하는 비타민 B의 기능이 상실되므로 주의해야 합니다.

요리 팁

1. 부드러운 주스를 원한다면 토마토를 끓는 물에 살짝 데쳐 껍질을 벗긴 뒤 사용합니다. 2. 토마토를 강판에 갈아 사용하면 색이 더욱 고와집니다.

녹색 채소와 수박의 수분감이 충만한 주스

로메인수박 주스

41
kcal

5
분 요리

🛒 재 료 준 비

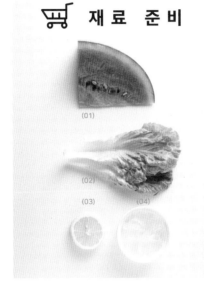

(01)

(02)

(03)   (04)

	무엇	얼마나
(01)	수박(과육)	150g
(02)	로메인 상추	1~2장
(03)	레몬	1/6개
(04)	얼음	5개

로메인 상추는 일반 상추보다
쓴맛이 적고 아삭한 식감을 내므로
주스로 만들기 좋은 채소입니다.
로메인 상추에 풍부한 엽산은
여성뿐 아니라 남성 건강에도 좋은
영양소입니다.

👆 요 리 하 기

01

수박은 껍질을 벗기고
갈기 좋은 크기로 썬다.

02

로메인은 깨끗이 씻어 물기를
털고 1cm 폭으로 썬다.

03

레몬은 껍질을 벗기고
씨를 제거한 뒤 갈기 좋은
크기로 썬다.

04

믹서에 모든 재료를 넣어
곱게 간다.

 요리 팁

1. 로메인 상추 대신 양상추나 상추를 사용해도 됩니다.
2. 수박을 갈면 단맛이 한층 살아납니다.

오렌지의 상큼함과 당근의 단맛이 조화로운 주스

토마토오렌지당근 주스

51 kcal

7 분 요리

🛒 재 료 준 비

	무엇	얼마나
(01)	토마토(큰 것)	1개
(02)	오렌지	1/4개
(03)	당근(2cm)	1토막
(04)	레몬즙	1큰술
(05)	얼음	4개

토마토, 오렌지, 당근은 항산화 영양소로 알려진 카로티노이드 성분을 함유한 식품입니다. 함께 섭취하면 항산화 능력이 증대되어 다이어트뿐만 아니라 항노화에도 도움이 됩니다.

🧤 요 리 하 기

01

토마토는 꼭지를 떼고 반으로 갈라 웨지 모양으로 자른 뒤 갈기 좋은 크기로 썬다.

02

오렌지는 과육만 발라 씨를 제거하고 갈기 좋은 크기로 썬다.

03

당근은 깨끗이 씻어 채 썬다.

04

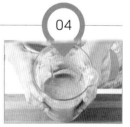

믹서에 모든 재료를 넣어 곱게 간다.

 다이어트 팁

주스는 단백질이 부족하므로 단백질 식품과 함께 섭취해 영양 밸런스를 맞추어야 합니다. 삶은 달걀은 반숙으로 먹는 것이 소화 흡수에 도움이 되지만 임산부, 영·유아 등 면역력이 약한 사람들은 완숙으로 섭취하는 것이 좋습니다.

 요리 팁

토마토는 대저 토마토나 방울토마토, 대추토마토로 대체해도 좋습니다. 물기가 적은 토마토를 갈 때는 물을 조금 넣어 갈아야 합니다.

풋풋한 시금치 향이 오렌지의 상큼함과 잘 어우러지는 주스

시금치파인애플 주스

60
kcal

5
분 요리

🛒 재 료 준 비

	무엇	얼마나
(01)	시금치	2포기(약 25g)
(02)	파인애플 링 (2cm 두께)	1과 1/3조각
(03)	오렌지	1/2개
(04)	얼음	5개

시금치는 비타민 A가 풍부한 채소로 야맹증을 예방하고 피부를 건강하게 지켜줍니다. 또한 식이섬유가 많이 들어 있어 변비 예방에도 도움을 주며 열량이 낮아 다이어터에게 인기 만점 식품입니다.

🧤 요 리 하 기

01

시금치는 뿌리 부분을 1cm 정도 잘라 버리고 깨끗이 씻어 2cm 길이로 썬다.

02

파인애플 링은 갈기 좋은 크기로 썬다.

03

오렌지는 과육만 발라 씨를 제거하고 갈기 좋은 크기로 썬다.

04

믹서에 모든 재료를 넣어 곱게 간다.

🖐 다이어트 팁

시금치 주스와 영양 밸런스를 맞추기 위해 단백질 식품을 섭취한다면 두부는 피하세요. 시금치의 옥살산 성분과 두부의 칼슘이 결합하면 결석이 생길 수 있습니다.

🍲 요리 팁

1. 시금치 대신 청경채나 비타민을 사용해도 좋아요.
2. 그릭 요거트를 넣어 갈면 부드러운 느낌을 더할 수 있습니다.

오이의 청량함이 돋보이는 주스

사과오이 주스

60
kcal

5
분 요리

🛒 **재 료 준 비**

(05)　　　　(01)

(04)

(02)

(03)

	무엇	얼마나
(01)	사과	1/3개
(02)	오이	1/4개
(03)	꿀	1작은술
(04)	물	1/3컵
(05)	얼음	4개

피부가 푸석푸석하다면?
비타민이 풍부한 사과오이
주스를 드셔보세요. 변비
예방에도 도움이 되고, 술
마신 다음 날이라면 숙취 해소
음료로도 손색이 없답니다.

🧤 **요 리 하 기**

01

사과는 깨끗이 씻어 껍질째
웨지 모양으로 잘라 씨와 꼭지 부분을
제거한 뒤 갈기 좋은 크기로 썬다.

02

오이는 껍질의 돌기를
제거하고 깨끗이 씻어

03

껍질째 0.5cm 두께로
토막 낸다.

04

믹서에 모든 재료를 넣어
곱게 간다.

👆 다이어트 팁

사과오이 주스는 식이섬유소와 비타민, 무기질이 풍부하지만 단
백질이 부족하고 금방 배가 고파질 수 있습니다. 닭가슴살 등의 단
백질 식품과 함께 섭취하면 영양 밸런스를 맞출 수 있습니다.

 요리 팁

1. 오이는 거친 돌기 부분만 긁어 껍질째 사용합니다. 껍질의 식감
이 싫다면 벗겨내고 사용해도 좋습니다. 2. 꿀 대신 메이플 시럽
이나 올리고당을 사용해도 좋습니다. 3. 단맛이 싫다면 꿀은 빼도
됩니다.

시금치와 사과의 생생한 맛을 바나나가 잘 감싸주는 주스

사과시금치바나나 주스

73
kcal

5
분 요리

🛒 **재 료 준 비**

	무엇	얼마나
(01)	사과	1/2개
(02)	시금치	약 20g
(03)	바나나	1/2개
(04)	얼음	5개
(05)	물	1/2컵

채소를 먹기 불편한 분은
사과와 함께 주스로 드셔보세요.
시금치에 들어 있는 엽산과
철분, 칼슘은 여성에게 필수적인
영양소로 임산부에게도 좋습니다.

🧤 **요 리 하 기**

01

사과는 깨끗이 씻어 껍질째
웨지 모양으로 잘라 씨와 꼭지 부분을
제거한 뒤 갈기 좋은 크기로 썬다.

02

바나나는 껍질을 벗겨 적당한
크기로 뚝뚝 뗀다.

03

시금치는 뿌리를 제거하고
여러 번 깨끗이 씻어 물기를
털고 2cm 길이로 자른다.

04

믹서에 모든 재료를 넣어
곱게 간다.

👆 **다이어트 팁**

과일과 채소를 활용한 주스는 단백질이 부족하므로 단백질 식품
과 함께 섭취할 것을 권장합니다.

🍳 **요리 팁**

시금치를 생으로 섭취하는 데 거부감이 있다면 끓는 물에 살짝 데
쳐 물을 짜내고 썰어 사용합니다.

토마토와 파프리카의 센 맛을 바나나가 부드럽게 감싸주는 주스

토마토파프리카바나나 주스

78 kcal

5 분 요리

🛒 재 료 준 비

무엇		얼마나
(01)	토마토(작은 것)	1개
(02)	빨강 파프리카	1/4개
(03)	바나나	1/2개
(04)	레몬즙	1큰술
(05)	얼음	5개

파프리카는 채소이지만 과일처럼
단맛이 있어 주스 재료로
활용하기 좋은 식품입니다.
비타민 C가 풍부한 파프리카로
상쾌한 아침을 열어보세요.

🧤 요 리 하 기

01

토마토는 꼭지를 떼고
갈기 좋은 크기로 썬다.

02

파프리카는 반으로 갈라 씨와
하얀 속 부분을 제거한 뒤
갈기 좋은 크기로 썬다.

03

바나나는 껍질을 벗겨 적당한
크기로 뚝뚝 뗀다.

04

믹서에 모든 재료를 넣어
곱게 간다.

👆 다이어트 팁

영양 밸런스를 맞추기 위해 달걀을 활용한 요리를 할 때 달걀흰자
를 사용하면 칼로리를 줄일 수 있습니다.

🍳 요리 팁

1. 빨강 파프리카 대신 노랑, 주황 파프리카를 사용해도 좋아요.
2. 주스를 냉장고에서 30분간 숙성시키면 맛이 더욱 조화롭습니다.

은은한 단맛이 잘 살아나는 주스

양상추파인애플바나나 주스

87 kcal

5 분 요리

🛒 **재 료 준 비**

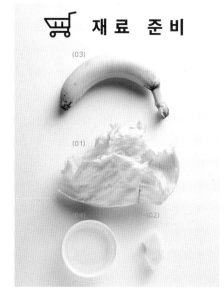

무엇		얼마나
(01)	양상추 잎	2장
(02)	파인애플 링	1/4개(약 25g)
(03)	바나나	1개
(04)	물	1/2컵

샐러드로만 먹던 양상추를 주스 재료로 활용해보세요. 양상추는 수분이 95%이고 비타민 C가 풍부한 식품으로 단맛과 신맛이 있는 과일과 함께 주스로 만들면 좋습니다.

🧤 **요 리 하 기**

01
양상추 잎은 깨끗이 씻어 물기를 털고 2cm 폭으로 자른다.

02
파인애플은 깍둑썰기한다.

03
바나나는 껍질을 벗겨 적당한 크기로 뚝뚝 뗀다.

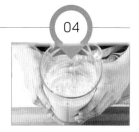
04
믹서에 모든 재료를 넣어 곱게 간다.

 요리 팁

양상추 대신 로메인 상추를 사용해도 좋아요.

피망의 산뜻함이 바나나와 잘 어우러지는 주스

바나나피망 주스

88 kcal

5 분 요리

🛒 **재 료 준 비**

	무엇	얼마나
(01)	바나나(큰 것)	1개
(02)	피망	1/3개
(03)	레몬즙	1큰술
(04)	얼음	5개

바나나는 포만감을 주는 과일로
아침에 섭취하면 하루를 든든하게
시작할 수 있습니다. 부족한 단백질
섭취를 위해 주스와 잘 어울리는
스크램블드에그와 함께 드세요.

 요 리 하 기

01

바나나는 껍질을 벗겨 적당한
크기로 뚝뚝 뗀다.

02

피망은 씨와 하얀 속 부분을
제거한다.

03

갈기 좋은 크기로 썬다.

04

믹서에 모든 재료를 넣어
곱게 간다.

👨‍🍳 요리 팁

1. **마시기 전에 30분간 숙성시키면 맛이 더욱 조화롭습니다.**
2. **레몬즙을 넣으면 피망 특유의 향을 반감시킬 수 있습니다.**

산뜻하고 새콤한 귤 맛이 청경채의 센 맛을 감싸주는 주스

청경채키위귤 주스

89
kcal

5
분 요리

🛒 재 료 준 비

	무엇	얼마나
(01)	골드키위	2개
(02)	청경채	1포기
(03)	귤	1개
(04)	물	1/2컵

청경채는 수분 대사를 활발히 해주는 효과가 있습니다. 아침에 잘 붓는다면 청경채 주스로 하루를 시작해보세요.

요 리 하 기

01

골드키위는 깨끗이 씻어 껍질을 벗기고 질긴 꼭지 부분은 칼집을 넣어 도려낸 뒤 갈기 좋은 크기로 썬다.

02

청경채는 깨끗이 씻어 물기를 털고 2cm 폭으로 썬다.

03

귤은 껍질을 벗기고 과육을 조각조각 뗀다.

04

믹서에 모든 재료를 넣어 곱게 간다.

 요리 팁

귤이 없을 때는 오렌지 1/2개를 사용해 만드세요.

파인애플의 새콤함이 잠을 깨워주는 주스

바나나파인애플파프리카 주스

115
kcal

5
분 요리

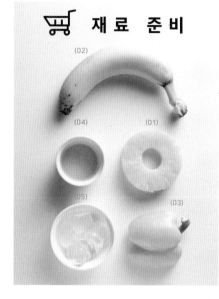

🛒 재 료 준 비

	무엇	얼마나
(01)	파인애플 링(2cm 두께)	1개
(02)	바나나	1개
(03)	노랑 파프리카	1/2개
(04)	레몬즙	1큰술
(05)	얼음	5개

바나나의 칼륨은 체내의 과다한 나트륨을 배출하는 데 도움을 주어 부기를 완화해줍니다. 부족한 단백질은 닭가슴살로 보충해보세요. 파인애플의 브로멜린 성분은 단백질 식품의 소화 흡수를 도와줍니다.

🧤 요 리 하 기

01

파인애플 링은
갈기 좋은 크기로 썬다.

02

바나나는 껍질을 벗겨
적당한 크기로 뚝뚝 뗀다.

03

파프리카는 반으로 갈라
씨와 하얀 속 부분을 제거한 뒤
갈기 좋은 크기로 썬다.

04

믹서에 모든 재료를 넣어
곱게 간다.

🖐 다이어트 팁

파인애플 통조림은 당 함량이 높고, 가공 및 살균 과정에서 단백질 분해 효소가 불활성화되어 단백질 분해 능력이 상실되므로 통조림이 아닌 생파인애플을 활용합니다.

요리 팁

바나나는 껍질에 갈색 반점이 조금 나타났을 때가 가장 맛있고 영양적으로 좋은 상태이지만 실내에 오래 두면 초파리가 생겨 불편함을 겪습니다. 이럴 땐 바나나 껍질을 제거한 뒤 1회 분량씩 얼려 보관했다가 필요할 때 꺼내어 섭취하면 위생적으로 영양적으로 건강하게 섭취할 수 있습니다.

양상추의 수분감이 돋보이는 주스

사과양상추바나나 주스

138
kcal

5
분 요리

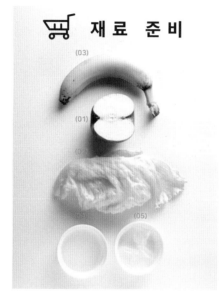

🛒 재 료 준 비

	무엇	얼마나
(01)	사과	1/2개
(02)	양상추 잎	2장
(03)	바나나	1개
(04)	물	1/3컵
(05)	얼음	3개

사과와 바나나를 함께 갈아 섭취하면 포만감 있는 아침 한 끼 식사가 가능합니다. 사과를 깨끗이 씻어 껍질째 갈아 먹으면 껍질에 들어 있는 우르솔산의 비만 억제 효과로 다이어트에 도움이 됩니다.

 요 리 하 기

01

사과는 깨끗이 씻어 껍질째 웨지 모양으로 잘라 씨와 꼭지 부분을 제거한 뒤 갈기 좋은 크기로 썬다.

02

바나나는 껍질을 벗겨 적당한 크기로 뚝뚝 뗀다.

03

양상추 잎은 여러 번 깨끗이 씻어 물기를 털고 1cm 길이로 자른다.

04

믹서에 모든 재료를 넣어 곱게 간다.

 요리 팁

1. **양상추 잎은 찬물에 5분간 담갔다가 물기를 털고 사용하면 수분 감이 좋아집니다.** 2. **믹서에 갈 때 농도를 보며 물을 좀 더 추가해 도 됩니다.**

씹는 재미가 있는 스무디

바나나딸기 스무디

86 kcal

5 분 요리

🛒 재료 준비

(03)   (01)

(04)   (02)

무엇		얼마나
(01)	바나나	1/2개
(02)	딸기	4개
(03)	저지방 우유	1/2컵
(04)	얼음	3개

누구나 부담 없이 즐길 수 있는 바나나딸기 주스에 우유를 넣어 스무디를 만들어보세요. 부드러운 식감과 함께 풍부한 비타민 C와 운동 시 근육 경련을 예방해주는 마그네슘이 함유되어 있어 운동 후 영양 보충 식품으로 섭취할 수 있습니다.

🧤 요 리 하 기

01

바나나는 껍질을 벗겨 적당한 크기로 뚝뚝 뗀다.

02

딸기는 깨끗이 씻어 꼭지를 떼고

03

적당한 크기로 가른다.

04

믹서에 모든 재료를 넣어 곱게 간다.

👆 다이어트 팁

딸기 대신 블루베리 등 베리류와 함께 만들어도 좋습니다. 베리류의 항산화 성분은 체내 활성산소를 줄이는 데 도움이 됩니다.

🍲 요리 팁

1. 부드러운 목넘김을 원할 때는 체에 걸러 마셔도 좋습니다.
2. 딸기는 윤기가 흐르며 무르지 않고 꼭지와 잎이 신선한 것을 고릅니다. 냉동 딸기를 사용해도 됩니다.

골드키위의 새콤달콤함이 바나나와 잘 어우러지는 스무디

바나나키위 스무디

90 kcal

5 분 요리

🛒 재료 준비

무엇	얼마나
(01) 골드키위	1개
(02) 바나나	1/2개
(03) 저지방 우유	1/4컵
(04) 얼음	3개

바나나 스무디에 키위를 넣어 상큼한 맛을 더해보세요. 골드키위의 액티니딘 성분이 단백질 식품의 소화 흡수를 도와줍니다.

 요리하기

01
골드키위는 깨끗이 씻어 껍질을 벗기고

02
질긴 꼭지 부분은 칼집을 넣어 도려낸 뒤 갈기 좋은 크기로 썬다.

03
바나나는 껍질을 벗겨 적당한 크기로 뚝뚝 뗀다.

04
믹서에 모든 재료를 넣어 곱게 간다.

 요리 팁

골드 키위 대신 일반 키위를 사용할 때는 바나나의 분량을 좀 더 늘려야 부드러운 맛을 냅니다.

당근의 단맛이 잘 살아나는 스무디

토마토당근키위 스무디

130
kcal

5
분 요리

🛒 **재 료 준 비**

(05)

(01)

(04)

(03)

(06)

(02)

	무엇	얼마나
(01)	토마토(작은 것)	1개
(02)	당근	1/2개
(03)	골드키위	1개
(04)	저지방 그릭 요거트	1/4컵
(05)	물	1/2컵
(06)	꿀	1작은술

그릭 요거트는 일반 요거트에 비해 단백질 함량이 높습니다. 아침 식사로 단백질 식품을 섭취하면 포만감이 높아 다이어트에 도움이 됩니다.

🧤 요 리 하 기

01

토마토는 꼭지를 제거하고 갈기 좋은 크기로 썬다.

02

당근은 깨끗이 씻어 채 썬다.

03

골드키위는 껍질을 벗기고 질긴 꼭지 부분은 칼집을 넣어 도려낸 뒤 갈기 좋은 크기로 썬다.

04

믹서에 모든 재료를 넣어 곱게 간다.

 다이어트 팁

주스에 단맛을 내고 싶다면 꿀, 매실액, 메이플 시럽, 올리고당을 설탕 대신 활용합니다.

 요리 팁

1. 모든 재료를 강판에 갈아 사용하면 재료 본연의 단맛을 더 살릴 수 있습니다. 2. 요거트는 홈메이드 무가당 그릭 요거트를 사용하면 더욱 좋습니다.

두유의 고소함이 잘 어우러지는 스무디

사과시금치두유 스무디

130
kcal

5
분 요리

🛒 재 료 준 비

	무엇	얼마나
(01)	사과	1/3개
(02)	시금치	약 20g
(03)	무가당 두유	1/2컵
(04)	꿀	1작은술
(05)	물	2/3컵
(06)	얼음	3개

시금치에 들어 있는 수용성 비타민들은 데치거나 삶는 과정에서 손실되기 쉽습니다. 생채소 그대로 주스나 스무디로 만들어 섭취하면 손실되는 영양소를 줄일 수 있습니다.

요 리 하 기

01

사과는 깨끗이 씻어 껍질째 웨지 모양으로 잘라 씨와 꼭지 부분을 제거한다.

02

갈기 좋은 크기로 다시 한 번 썬다.

03

시금치는 뿌리를 제거하고 여러 번 깨끗이 씻어 물기를 털고 2cm 길이로 자른다.

04

믹서에 모든 재료를 넣어 곱게 간다.

🖐 다이어트 팁

시금치와 두유는 칼슘이 풍부하게 들어 있어 성인 여성의 골다공증 예방에 좋은 식품입니다.

🍳 요리 팁

취향에 따라 얼음을 더 넣어 사각사각 씹히는 맛을 더해도 좋아요.

아침에 부담 없이 마시며 포만감을 느낄 수 있는 스무디

바나나요거트 스무디

151 kcal

3 분 요리

재료 준비

	무엇	얼마나
(01)	바나나	1/2개
(02)	저지방 그릭 요거트	1/3컵
(03)	저지방 우유	1/2컵
(04)	얼음	3개

바나나와 단백질 식품을 함께 활용한 레시피로 포만감을 주는 스무디입니다. 우유와 요거트는 칼로리와 지방 함량이 높은 편이므로 저지방 제품을 선택하고 요거트의 경우 당 함량이 적은 제품을 사용합니다.

 ## 요리하기

01	02	03	04

바나나는 껍질을 벗겨	적당한 크기로 뚝뚝 뗀다.	믹서에 모든 재료를 넣어	곱게 간다.

 ### 다이어트 팁

마트에서 우유와 유제품(요거트, 치즈 등)을 구매할 때는 영양성분표를 확인하는 습관을 들여보세요. 칼로리뿐만 아니라 당류, 지방 함량도 함께 확인하세요.

요리 팁

바나나와 요거트만 갈면 텁텁한 느낌이 있으므로 우유로 농도를 묽게 하여 마시기 좋게 합니다.

두부의 고소함을 더한 스무디

양상추바나나두부 스무디

159
kcal

5
분 요리

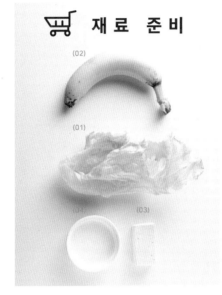

🛒 재 료 준 비

(02)

(01)

(03)

	무엇	얼마나
(01)	양상추 잎	1~2장
(02)	바나나	1개
(03)	두부	1/4모
(04)	저지방 우유	1/2컵

주스나 스무디에 두부를 넣으면
포만감이 높아지고 단백질을
충분히 섭취할 수 있습니다.
바쁜 아침, 건강을 위한 아침
식사로 바나나와 두부를 넣은
스무디를 자주 활용해보세요.

 요 리 하 기

01
양상추 잎은 깨끗이 씻어
물기를 털고 적당한
크기로 썬다.

02
바나나는 껍질을 벗겨 적당한
크기로 뚝뚝 뗀다.

03
두부는 갈기 좋은 크기로
깍둑썰기한다.

04
믹서에 모든 재료를 넣어
곱게 간다.

 요리 팁

생두부가 거북하다면 끓는 물에 살짝 데쳐 사용하세요.

아보카도의 걸죽한 목넘김이 기분 좋은 스무디

토마토아보카도 스무디

164
kcal

5
분 요리

🛒 재 료 준 비

무엇	얼마나
(01) 토마토(작은 것)	1개
(02) 아보카도	1/4개
(03) 바질 잎	2장
(04) 레몬즙	1작은술
(05) 저지방 그릭 요거트	1/4컵

아보카도는 일반 과일과는 다르게 단백질과 불포화지방산을 함유하고 있으며, 각종 비타민과 미네랄이 풍부한 식품으로 알려져 있습니다. 식이섬유도 풍부해 다이어트에 효과적인 식품입니다.

🧤 요 리 하 기

01

토마토는 꼭지를 떼고 갈기 좋은 크기로 썬다.

02

아보카도는 반으로 갈라 씨를 제거하고

03

껍질을 벗긴 뒤 갈기 좋은 크기로 썬다.

04

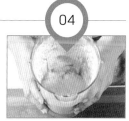

믹서에 모든 재료를 넣어 곱게 간다.

🍲 요리 팁

1. 아보카도는 잘 익은 것으로 사용합니다. 잘 익은 아보카도는 껍질이 검은색을 띠며 손가락으로 누르면 살짝 눌리는 느낌이 납니다. 2. 바질은 은은한 향이 아보카도, 토마토와 잘 어울립니다. 없다면 생략 가능!

브로콜리의 푸릇한 색감과 맛이 사과와 잘 어우러지는 스무디

사과브로콜리호두 스무디

165 kcal

7 분 요리

재료 준비

	무엇	얼마나
(01)	사과	1/2개
(02)	브로콜리	1/6개(약 60g)
(03)	호두	3알(약 10g)
(04)	저지방 우유	1/3컵
(05)	물	1/3컵
(06)	얼음	3개

예뻐지는 다이어트를 위한 필수 식품, 사과와 블로콜리를 활용해 건강한 스무디를 만들어보세요. 견과류와 저지방 우유를 함께 넣으면 한 끼 식사 대용으로 충분한 영양과 포만감을 줄 수 있습니다.

 ## 요 리 하 기

01

끓는 물에 브로콜리를 살짝 데쳐 찬물에 헹군 뒤 물기를 뺀다. 밑동을 잘라낸 뒤 작은 송이로 떼고 굵은 줄기는 적당한 크기로 썬다.

02

사과는 반으로 갈라 웨지 모양으로 썰어 씨를 제거한 뒤 껍질째 갈기 좋은 크기로 썬다.

 다이어트 팁

불포화지방산이 풍부한 호두는 상온에 오래 방치하면 산화되기 쉬우므로 사용 후 밀봉해 냉동실에 보관하고 조금씩 구매해 빠른 시일 안에 섭취하세요.

03

호두는 마른 팬에 살짝 볶아 굵게 다진다.

04

믹서에 모든 재료를 넣어 곱게 간다.

 요리 팁

브로콜리는 뜨거운 물에 1분 미만으로 데쳐야 영양소가 덜 파괴됩니다.

포만감을 높여주는
다이어트 밸런스 샐러드

다이어트할 때 샐러드 많이 드시죠? 그동안 양상추, 방울토마토, 닭가슴살 그리고 입맛에 맞는 드레싱. 이렇게 드셨나요? ● 다이어트 샐러드는 무엇보다 드레싱 선택이 많은 것을 좌우합니다. 시판 드레싱을 선택할 때 무지방 드레싱을 많이 찾는데, 판매되고 있는 무지방 드레싱은 맛을 살리기 위해 액상과당이나 설탕(정백당)을 넣어 당 함량이 높은 경우가 비일비재합니다. 다이어트 샐러드에 넣는 드레싱은 건강한 지방(올리브 오일이나 견과류 등)을 사용하고 퍼핑이나 실링이 들어가지 않은 제품을 선택해야 합니다. ● 시판 드레싱을 믿을 수 없다면? 이번 파트에서 소개하는 '집에서 손쉽게 만들 수 있는 건강한 드레싱'을 활용해보세요. 또한 채소와 과일로만 이루어진 샐러드는 칼로리는 낮을 수 있지만 포만감이 적어 애피타이저로 전락하는 경우가 많은데요. 이번 레시피는 포만감을 주는 추천 식품을 활용해 포만감은 높이고, 샐러드를 먹을 때 소홀해지기 쉬운 단백질을 충분히 섭취할 수 있도록 구성했습니다.

다이어트 조리법 POINT!

· 구하기 쉬운 생채소를 활용했습니다.
· 지방과 당을 많이 함유해 칼로리가 높은 드레싱은 배제하거나 양을 적게 넣었습니다.
· 저지방 단백질 식품과 잘 어울리는 다양한 채소를 활용해 포만감과 맛을 생각하는 레시피를 만들었습니다.

두부의 부드러운 식감이 포인트

두부치커리 샐러드

185
kcal

5
분 요리

🛒 재 료 준 비

		무엇	얼마나	특이 사항
주재료	(01)	두부	1/2모	부침용 두부.
	(02)	치커리	3~4장	
	(03)	김	1/2장	재래김 등 조미 안 된 김.
간장 드레싱	(04)	간장	1/3큰술	
	(05)	통깨	1/2작은술	
	(06)	참기름·식초·꿀	1/2작은술씩	
	(07)	소금·후춧가루	약간씩	

치커리는 당분의 흡수를 조절하고 콜레스테롤 흡수를 방해해 체내 콜레스테롤 농도를 낮춰주는 효능이 있는 식품입니다.

요 리 하 기 (● 준비 ● 조리)

01 치커리는 물에 담갔다 건져 물기를 빼고

04 끓는 물에 살짝 데친 뒤

02 먹기 좋은 크기로 뜯는다.

05 찬물에 담갔다가 체에 받쳐 물기를 뺀다.

03 두부는 사방 1cm 크기로 썰어

06 두부를 종이타월에 감싸 물기를 빼고 냉장고에 보관한다.

드레싱은 뿌려 먹는 것보다 찍어 먹는 것이 다이어트에 도움이 됩니다.

🎩 요리 팁

두부는 단단한 부침용 두부를 사용합니다. 끓는 물에 데친 뒤 그대로 체에 밭쳐 냉장고에 보관해도 좋지만 바쁜 시간대에 급하게 조리한다면 종이타월로 감싸 물기를 여러 번 잘 빼야 합니다.

07 김은 마른 팬에 올려 앞뒤로 구운 뒤

10 볼에 치커리와 두부를 담고

08 비닐봉지에 넣어 곱게 부순다.

11 간장 드레싱을 넣어 가볍게 섞는다.

09 간장 드레싱 재료를 모두 섞는다.

12 김가루를 뿌려 낸다.

두부치커리 샐러드

여러 가지 식감이 한데 어우러진 믹스 샐러드

알감자메추리알 샐러드

227
kcal

15
분 요리

🛒 재 료 준 비

		무엇	얼마나	특이 사항
주재료	(01)	알감자	3개(약 100g)	없으면 작은 감자 1개 사용.
	(02)	그린빈스	30g	아스파라거스로 대체 가능.
	(03)	삶은 메추리알	5개	
	(04)	블랙 올리브	2개(약 10g)	감칠맛을 더해준다.
	(05)	완숙 토마토(큰 것)	1/2개(약 100g)	
	(06)	양상추 잎	1장	
	(07)	소금	약간	죽염이나 구운 소금 사용.
	(08)	올리브유	약간	
드레싱	(09)	레드 와인 비네거	1작은술	
	(10)	이탤리언 파슬리	1작은술	다진 것.
	(08)	올리브유	1작은술	엑스트라 버진.
	(11)	후춧가루	약간	

토마토는 과일과 채소로 함께 즐길 수 있는 대표적인 킹킹식품으로 암을 예방하고 바이러스와 스트레스에 대한 저항력을 높이며 다이어트에 효과적입니다.

요 리 하 기 (● 준비 ● 조리)

01

알감자는 껍질째 깨끗이 씻어 반으로 자른다.

02

그린빈스도 반으로 자른다.

03

블랙 올리브는 물에 담가 염분을 충분히 뺀 뒤
4등분한다.

04

토마토는 웨지 모양으로 썬다.

05

양상추 잎은 깨끗이 씻어 먹기 좋은 크기로 뜯는다.

06

드레싱 재료를 모두 넣어 섞어 드레싱을 만든다.

조리 시간을 줄이고 싶다면 알감자를 반으로 잘라 전자
레인지에 넣고 2분 30초~3분가량 익힌 뒤 조리하세요.
그린빈스는 20~30초가 적당합니다.

07

끓는 물에 소금을 넣은 뒤

10

볼에 삶은 알감자와 그린빈스를 넣고
올리브유와 소금을 뿌려 가볍게 버무린 뒤

08

알감자를 넣고 10분 뒤 그린빈스를 넣어
30~40초간 데친다.

11

삶은 메추리알, 올리브, 토마토, 양상추 잎을 넣어
가볍게 섞고

09

찬물에 헹궈 물기를 뺀다.

12

먹기 직전에 ⑥의 드레싱으로 버무려 그릇에 담아낸다.

알감자에 추리알 샐러드

적당히 간이 밴 콩을 씹는 재미가 있는 샐러드

모둠콩 샐러드

263
kcal

5
분 요리

🛒 재료 준비

		무엇	얼마나	특이 사항
주재료	(01)	모둠 콩	1/2컵(약 130g)	마른 콩을 불려 사용해도 된다.
	(02)	양상추 잎	1장(약 30g)	
	(03)	올리브유	1작은술	
석류 드레싱	(04)	석류즙	2큰술	
	(05)	레드 와인 비네거	1작은술	
	(06)	레몬즙	1/2작은술	
	(07)	다진 마늘	1/2작은술	
	(08)	올리브유	1/2작은술	
	(09)	소금	약간	

콩은 대표적인 다이어트 식품으로 단백질 함량이 많고 포만감을 늦어주는 식품입니다.

요 리 하 기 (● 준비 ● 조리)

01 모둠 콩은 찬물에 씻은 뒤

02 찜기에 껍질째 올려

03 15~20분간 찐다.

04 볼에 찐 콩을 담고 소금을 넣어

05 가볍게 섞는다.

06 분량의 재료를 고루 섞어 석류 드레싱을 만든다.

주스는 당을 첨가한 제품이 많습니다. 따라서 드레싱에 주스를 넣을 때는 생과일 주스를 사용하는 것이 좋습니다.

말린 콩을 사용할 땐 전날 미지근한 물에 담가 하루 동안 충분히 불렸다가 사용합니다.

07

양상추 잎은 찬물에 담갔다가

10

⑤의 콩에 ⑨의 양상추를 넣고

08

물기를 턴 뒤

11

⑥의 석류 드레싱을 절반 정도 넣어 가볍게 섞은 뒤

09

적당한 크기로 찢는다.

12

그릇에 담고 남은 드레싱을 끼얹어 낸다.

모듬콩샐러드

새콤달콤, 짭조름, 고소함, 다양한 맛을 느낄 수 있는 샐러드
달걀토마토 샐러드

🛒 재료 준비

		무엇	얼마나	특이 사항
주재료	(01)	삶은 달걀	2개	
	(02)	대추토마토	10개	대지 도미토토 내세 가능.
	(03)	블랙 올리브	4개	찬물에 담가 짠맛을 뺀다.
	(04)	구운 호두	5~6개	식감을 더해준다.
	(05)	새싹 채소	30g	샐러드용 채소로 대체 가능.
드레싱	(06)	홀그레인 머스터드	1/2큰술	
	(07)	식초	1과 1/2큰술	
	(08)	다진 양파·꿀	2작은술씩	
	(09)	소금	약간	
	(10)	올리브유	1작은술	

샐러드는 드레싱에 따라 다른 맛을 낼 수 있습니다. 새콤달콤, 짭조름, 고소함을 한 번에 느낄 수 있는 드레싱으로 색다른 샐러드를 만들어보세요.

요 리 하 기 (● 준비 ● 조리)

01 새싹 채소는 찬물에 담갔다가

02 건져 물기를 충분히 턴다.

03 올리브는 물에 담가 염분을 충분히 빼고

04 길이 방향으로 4등분한다.

05 대추토마토는 꼭지를 떼어 반으로 가르고

06 삶은 달걀은 4등분한다.

삶은 달걀을 버무리면 모양이 으스러지지만, 달걀 노른자의 고소함이 고루 퍼져 요리 맛을 더 좋게 합니다. 모양이 신경 쓰인다면 삶은 달걀을 마지막에 그릇에 담으세요.

· 새싹(베이비) 채소: 발아 후 4~5일 정도 된 채소.
· 어린잎 채소: 발아 후 15일 정도 되어 본잎이 나온 채소.

07 드레싱 재료를 모두 볼에 담아

10 드레싱의 절반을 넣어 살짝 버무려 그릇에 담는다.

08 고루 섞는다.

11 호두를 손으로 부수어 뿌린 뒤

09 볼에 새싹 채소와 토마토, 삶은 달걀, 올리브를 넣어 가볍게 섞은 뒤

12 나머지 드레싱을 뿌려 낸다.

상큼함으로 하루를 마무리하는 샐러드

오렌지배추호두 샐러드

302 kcal

7 분 요리

🛒 재 료 준 비

		무엇	얼마나	특이 사항
주재료	(01)	알배추 잎	3장(약 10g)	양상추나 로메인 상추로 대체 가능.
	(02)	오렌지	1개	지름으로 내세 가능.
	(03)	호두	6알(약 15g)	
드레싱	(04)	올리브유	2작은술	엑스트라 버진.
	(05)	꿀	1작은술	
	(06)	소금·후춧가루	약간씩	

호두는 불포화지방산이 풍부한 식품이므로 포만감과 영양을 높이고 싶다면 다양한 샐러드에 호두를 이용해보세요.

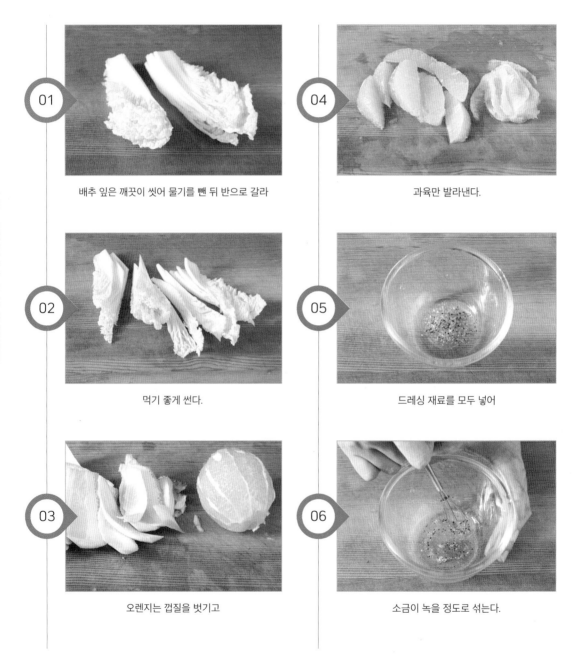

요 리 하 기 (● 준비 ● 조리)

01 배추 잎은 깨끗이 씻어 물기를 뺀 뒤 반으로 갈라

02 먹기 좋게 썬다.

03 오렌지는 껍질을 벗기고

04 과육만 발라낸다.

05 드레싱 재료를 모두 넣어

06 소금이 녹을 정도로 섞는다.

07 호두는 마른 팬에 바삭하게 볶아

08 굵게 다진다.

09 볼에 오렌지 과육과 배추 잎을 넣고

10 ⑥의 드레싱을 넣어

11 가볍게 섞는다.

12 그릇에 담고 다진 호두를 뿌려 낸다.

오렌지배추호두 샐러드

달달한 구황작물과 고소한 견과류가 잘 어우러지는 샐러드

고구마단호박견과류 샐러드

323
kcal

20
분 요리

🛒 재 료 준 비

		무엇	얼마나	특이 사항
주재료	(01)	고구마	1개(120g)	
	(02)	단호박	1/4개	
	(03)	통아몬드	1작은술	구운 것.
	(04)	아몬드 슬라이스	1작은술	구운 것.
	(05)	헤이즐넛	1작은술	구운 것.
드레싱	(06)	리코타 치즈	1큰술	
	(07)	레몬즙	2작은술	
	(08)	저지방 그릭 요거트	2작은술	
	(09)	소금·후춧가루	약간씩	

고구마와 단호박은
식이섬유가 풍부하고
저칼로리 식품으로
다이어트는 물론 피부
미용에도 좋습니다. 찜통에
찌거나 구워서 그대로
먹어도 좋지만 맛을 더욱
풍부하게 해주는 드레싱을
곁들여보세요. 달콤함이
배가될 것입니다.

요 리 하 기 (◐ 준비 ◐ 조리)

01 고구마는 깨끗이 씻어 껍질째 먹기 좋은 크기로 썬다.

04 찜기에 고구마와 단호박을 올려

02 단호박은 씨를 파내고

05 찐다.

03 껍질째 먹기 좋은 크기로 썬다.

06 볼에 분량의 드레싱 재료를 모두 넣고

07

고루 섞는다.

10

가볍게 버무린다.

08

찐 고구마와 단호박을 볼에 넣고

11

아몬드 슬라이스, 헤이즐넛, 통아몬드를 고루 뿌려 낸다.

09

⑦의 드레싱을 부은 뒤

식감이 비슷한 마, 아보카도, 참치가 색다른 맛을 내는 샐러드
참치아보카도 샐러드

363
kcal

5
분 요리

🛒 재 료 준 비

		무엇	얼마나	특이 사항
주재료	(01)	참치·마	80g씩	냉동 생참치 사용.
	(02)	아보카도	1/3개	껍질 벗긴 것.
	(03)	방울토마토	3개	없으면 빼도 된다.
	(04)	표고버섯	1개	없으면 빼도 된다.
	(05)	국간장	1/2작은술	
	(06)	레몬즙·후춧가루	약간씩	
양파 드레싱	(07)	양파채	1/4개(약 50g)	
	(08)	식초	4작은술	현미식초.
	(09)	다진 마늘	1/4작은술	
	(10)	꿀	1작은술	
	(11)	소금	1/3작은술	
	(12)	포도씨유	2큰술	

아보카도는 각종 비타민과 미네랄이 풍부한 식품으로 일반 과일과는 다르게 단백질과 불포화지방산을 함유하고 있으며, 식이섬유도 풍부해 다이어트에 효과적입니다.

요 리 하 기 (● 준비 ● 조리)

01 참치는 사방 1.5cm 크기로 썬다.

04 레몬즙을 살짝 뿌려 갈변을 막는다.

02 마는 껍질을 벗겨 참치와 같은 크기로 썬다.

05 방울토마토는 씻어서 반으로 가른다.

03 아보카도도 참치와 같은 크기로 썬 뒤

06 표고버섯은 참치와 같은 크기로 썰어

마른 팬에 굽는다.

볼에 참치, 마, 아보카도, 표고버섯, 방울토마토를 넣어 가볍게 섞은 뒤

양파채는 30분 정도 물에 담가 매운맛을 빼고 물기를 제거한다.

양파 드레싱을 넣고

믹서에 ⑧의 양파채, 현미식초, 다진 마늘, 꿀, 소금을 넣어 갈다가 포도씨유를 1큰술씩 나누어 넣어 갈아 양파 드레싱을 만든다.

국간장, 후춧가루를 넣어 가볍게 섞는다.

참치아보카도 샐러드

셀러리 향이 매혹적인

토마토셀러리 마리네이드

(02) (01) (03)

(08) (09)

(04) (06) (07) (05)

387
kcal

15
분 요리

🛒 재 료 준 비

		무엇	얼마나	특이 사항
주재료	(01)	컬러 대추방울토마토	15개	
	(02)	셀러리	1줄기	오이, 무순 아스파라거스로 대체 가능.
	(03)	방울 모차렐라 치즈	8개	생치즈. 방울 모차렐라 치즈가 없을 땐 모차렐라 치즈를 한입크기로 썰어 사용.
발사믹 마리네이드	(04)	엑스트라 버진 올리브유	1과 1/2큰술	
	(05)	발사믹 식초	1큰술	
	(06)	레몬즙	1큰술	
	(07)	올리고당	1/2큰술	
	(08)	다진 마늘	1작은술	
	(09)	허브솔트	1/6작은술	

토마토는 칼로리가 낮고 비타민과 무기질이 풍부한 식품으로 다이어터의 필수 식품이라 할 수 있습니다. 항산화 영양소인 라이코펜과 지용성 비타민은 기름과 함께 섭취할 때 흡수가 잘되므로 치즈나 올리브유 등과 함께 섭취하면 좋습니다.

01 대추방울토마토는 위쪽에 십자로 칼집을 넣어

04 껍질을 벗기고

02 끓는 물에 10~20초간 데친 뒤

05 반으로 자른다.

03 찬물에 담갔다가

06 셀러리는 깨끗이 씻은 뒤 5cm 길이로 썬다.

Part 2. 포만감을 높여주는 다이어트 밸런스 샐러드

07

두꺼운 것은 2~3번 가른다.

10

⑧의 소스를 부어

08

분량의 발사믹 마리네이드 재료를 모두 고루 섞는다.

11

고루 섞는다.

09

볼에 대추방울토마토와 셀러리,
방울 모차렐라 치즈를 넣고

12

냉장고에 넣어 5분 정도 마리네이드한 뒤
그릇에 담아낸다.

톡 쏘는 겨자 맛과 다양한 색감이 식욕을 돋우는

닭고기겨자채 샐러드

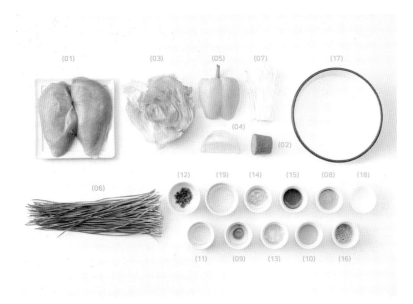

396 kcal

30 분 요리

🛒 재 료 준 비

		무엇	얼마나	특이 사항
주재료	(01)	닭가슴살	2개	닭안심살로 대체 가능.
	(02)	당근	30g	
	(03)	양상추	30g	
	(04)	양파	1/4개	작은 사이즈
	(05)	노랑 파프리카	1/3개	
	(06)	영양부추	1/3줌	
	(07)	팽이버섯	30g	
겨자 소스	(08)	디종 머스터드	1큰술	
	(09)	연겨자	1/2작은술	
	(10)	현미식초	1큰술	
	(11)	올리고당	1큰술	
	(12)	다진 청양고추	1작은술	
	(13)	양파 간 것	1큰술	
	(14)	다진 마늘	1/2작은술	
	(15)	참기름	1작은술	
	(16)	깨소금	1/4작은술	
닭고기 삶을 물	(17)	물	5컵	
	(18)	소금	1작은술	
	(19)	청주	2큰술	

닭가슴살은 지방이 적고 단백질이 풍부해 다이어트 식품의 대명사로 알려져 있습니다. 칼로리가 낮고 포만감 있는 식사를 원한다면 닭가슴살을 이용한 레시피를 활용해보세요.

🧤 요리하기 (🔘 준비 🔘 조리)

01 닭가슴살은 깨끗이 씻어 물기를 닦아낸 뒤

02 밀대로 가볍게 두드린다.

03 냄비에 '닭고기 삶을 물' 재료를 모두 넣고 한소끔 끓인 뒤 불을 끄고 닭가슴살을 넣은 다음,

04 뚜껑을 덮어 30분간 두었다가

05 꺼내어 먹기 좋게 가늘게 찢는다.

06 당근과 양상추, 양파는 곱게 채 썰어 찬물에 담갔다 물기를 빼고

닭가슴살을 밀대로 두드리면 짧은 시간에 속까지 부드
럽게 익힐 수 있습니다.

07

노랑 파프리카는 씨를 훑어낸 뒤 얇게 채 썬다.

10

볼에 겨자 소스 재료를 모두 넣어 고루 섞는다.

08

영양부추는 깨끗이 다듬어 4cm 길이로 썰고

11

큰 볼에 ⑤의 닭가슴살과 갖은 채소를 담고

09

팽이버섯은 밑동을 자르고 가닥가닥 찢는다.

12

겨자 소스를 넣어 가볍게 버무려 그릇에 담는다.

닭고기겨자채샐러드

마 특유의 향과 은은한 구운 향이 잘 어우러지는 샐러드

연두부마구이 샐러드

415
kcal

10
분 요리

🛒 재 료 준 비

		무엇	얼마나	특이 사항
주재료	(01)	마	1/2개(약 200g)	껍질째 씻는다.
	(02)	새싹 채소	1~2줌	샐러드 채소로 대체 가능.
	(03)	양파	1/3개	
	(04)	포도씨유	약간	
매실청 드레싱	(05)	매실청	1큰술	향을 더한다.
	(06)	간장·올리브유	1작은술씩	
	(07)	레몬즙	1/2작은술	마의 비릿함을 잡는다.

마는 신진대사를 도와 피로 해소에 효과적인 식품입니다. 단백질 섭취를 위해 연두부를 곁들여 보세요.

요리하기 (● 준비 ● 조리)

01 양파는 곱게 채 썰어

02 찬물에 담가 매운맛을 뺀다.

03 새싹 채소도 찬물에 담근다.

04 새싹 채소와 양파의 물기를 털고 함께 고루 섞는다.

05 마는 껍질째 흙이 남지 않도록 깨끗이 씻은 뒤 0.5cm 두께로 썬다.

06 드레싱 재료를 한데 섞어 매실청 드레싱을 만든다.

연두부가 없다면 단백질 섭취를 위해 삶은 달걀이나 닭
가슴살 같은 재료를 넣어도 좋습니다.

🍳 요리 팁

그릴이 없다면 오븐이나 프라이팬에 구워도 됩니다.

07 붓을 이용해 그릴 팬에 포도씨유를 고루 바른 뒤

10 타지 않으면서 노릇하게 앞뒤로 살짝 굽는다.

08 마를 얹는다.

11 그릇에 마와 새싹 채소, 양파를 담고

09 마에 소금을 뿌리며

12 매실청 드레싱을 고루 끼얹어 낸다.

연두부마구이 샐러드

진한 오징어 향과 신선한 채소가 어우러진

오징어채소 샐러드

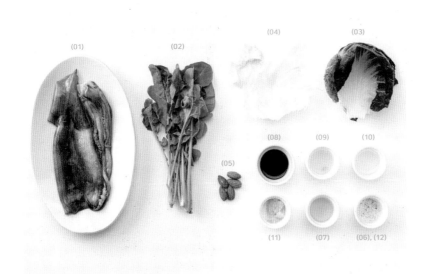

424
kcal

15
분 요리

🛒 재 료 준 비

		무엇	얼마나	특이 사항
주재료	(01)	손질 오징어	1마리(200g)	손질된 냉동 오징어나 갑오징어로 대체 가능.
	(02)	루콜라	1/2줌	
	(03)	라디치오 잎	2장	
	(04)	양상추 잎	1장	
	(05)	아몬드	5알	파르메산 치즈 적당량으로 대체 가능.
	(06)	허브솔트	약간	
드레싱	(07)	엑스트라 버진 올리브유	1큰술	
	(08)	발사믹 식초	1과 1/2큰술	
	(09)	레몬즙	1큰술	
	(10)	올리고당	1큰술	
	(11)	다진 마늘	1작은술	
	(12)	허브솔트	1/6작은술	

오징어는 칼로리가 낮고 단백질 함량이 높은 시푸드으로 피로 해소에 도움을 주는 타우린 성분이 풍부합니다. 마른오징어는 생물 오징어에 비해 칼로리가 높고 콜레스테롤을 많이 함유하고 있으므로 섭취할 때 주의해야 합니다.

요리하기 (준비 ● 조리)

01 루콜라와 라디치오 잎, 양상추 잎은 깨끗이 씻어 물기를 털고

02 먹기 좋은 크기로 찢는다.

03 오징어는 깨끗이 씻어

04 통째로 두꺼운 냄비에 넣어

05 허브솔트를 살짝 뿌린 뒤

06 뚜껑을 덮고 약한 불에서 10분간 삶듯이 굽는다.

오징어는 삶거나 데치기보다 물 없이 냄비에서 삶듯이
구우면, 오징어의 향과 맛이 더욱 진해지고 육질이 쫀득
해져 먹을 때 즐거움이 배가 됩니다.

07 구운 오징어는 먹기 좋은 크기로 썬다.

10 그릇에 ②의 채소와 ⑦의 오징어를 담고

08 아몬드는 2~3조각으로 부순 후 마른 팬에서 약한 불로
노릇하게 볶는다(또는 파르메산 치즈를 그라인더로 간다).

11 발사믹 드레싱을 뿌린다.

09 분량의 발사믹 드레싱 재료를 고루 섞는다.

12 취향에 따라 아몬드(견과류) 또는 치즈를
고루 얹어 낸다.

오징어채소 샐러드

엔다이브의 폭신한 식감과 오렌지 향이 어우러진
쇠고기엔다이브 샐러드

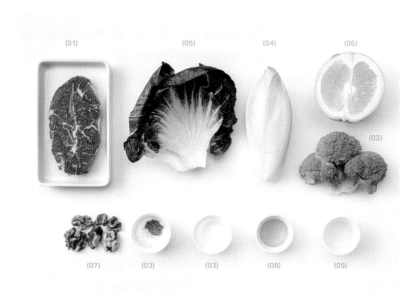

452
kcal

20
분 요리

🛒 재료 준비

		무엇	얼마나	특이 사항
주재료	(01)	쇠고기	100g	안심, 덩어리로 준비
	(02)	브로콜리	1/4개	
	(03)	소금·후춧가루	약간씩	
	(04)	엔다이브	1포기	
	(05)	라디치오 잎	2장	
	(06)	오렌지	1/2개	1개를 다 사용하면 상큼함이 배가 됩니다.
	(07)	호두	4~5알	
	(08)	엑스트라 버진 올리브유	1큰술	
	(09)	올리고당	1작은술	

쇠고기는 훌륭한 단백질 급원 식품으로 여성들에게 부족한 영양수인 철분두 들어 있습니다. 오렌지에 함유된 비타민 C는 철분 흡수율을 높여주는 영양소로 쇠고기와 오렌지를 함께 섭취하면 철분이 우리 몸에 쉽게 흡수되는 형태로 바뀌도록 도와줍니다.

01 쇠고기는 종이타월로 감싸 핏물을 살짝 제거한 뒤

02 소금과 후춧가루를 양면에 약간씩 뿌린 뒤 올리브유를
고루 바르고 문질러 5~10분간 둔다.

03 브로콜리는 밑동을 자르고 줄기까지 사용해
먹기 좋은 크기로 썬다.

04 엔다이브는 뿌리 부분을 자르고 잎을 하나씩 떼어 씻은 뒤
물기를 제거하고, 라디치오 잎은 먹기 좋게 찢는다.

05 오렌지는 껍질을 과육만 남기고 벗긴 뒤 먹기 좋게 썰고
호두는 마른 팬에 볶은 후 굵게 다진다.

06 뜨겁게 달군 팬에 쇠고기와 브로콜리를 올려
1분 정도 굽다가

Part 2. 포만감을 높여주는 다이어트 밸런스 샐러드

🍳 요리 팁

1. ⑨번 과정에서 쇠고기를 꺼내 쿠킹 포일에 감싼 뒤 5~6분간 두어 레스팅해도 좋아요. 2. 브로콜리의 줄기 부분을 버리지 않고 그대로 사용하면 더욱 맛있는 요리가 됩니다.

07

중간 불로 줄인 뒤 뚜껑을 덮고 2분간 굽는다.

10

엑스트라 버진 올리브유와 소금 1/6작은술, 올리고당, 후춧가루를 넣어 골고루 섞은 뒤

08

쇠고기를 뒤집은 다음 뚜껑을 덮고 2분 30초~3분간 구운 뒤 브로콜리를 건져내고

11

오렌지 과육과 엔다이브, 호두, 라디치오 잎을 넣어 가볍게 섞어 그릇에 담고,

09

불을 끈 뒤 뚜껑을 덮은 채로 5~6분간 레스팅한다.

12

⑨의 쇠고기를 먹기 좋게 썰어 브로콜리와 함께 그릇 한쪽에 담아낸다.

쇠고기구이 다이어트

일품요리를 먹는 듯한 기분을 느끼게 해주는
새우표고버섯 샐러드

454
kcal

20
분 요리

🛒 재 료 준 비

		무엇	얼마나	특이 사항
주재료	(01)	새우	150g	껍질을 벗겨 준비한다.
	(02)	표고버섯	4개	
	(03)	대추방울토마토	7개	
	(04)	아몬드	5알	
	(05)	로메인 상추	2장	
	(06)	치커리	4줄기	
	(07)	라디치오 잎	2장	
	(08)	허브솔트	약간	
	(09)	고춧가루	1/2작은술	
	(10)	청주	1큰술	
	(11)	다진 마늘	1작은술	
	(12)	아보카도유	1큰술	
	(13)	들기름	1/2큰술	
	(14)	레몬즙	1큰술	
	(15)	매실청	1작은술	
	(16)	소금	1/8작은술	

새우는 칼로리가 비교적 낮은 저지방 고단백 식품이며 새우에 들어 있는 키토산은 노폐물 배출 촉진 및 혈당 조절에 도움을 줍니다. 새우와 표고버섯을 함께 섭취하면 체내 칼슘 흡수율을 높여주며 성인병 예방에 도움을 줍니다.

요리하기 (● 준비 ● 조리)

표고버섯은 6등분하고 대추방울토마토는 반으로 썬다.

01

새우는 흐르는 물에 깨끗이 씻어 물기를 닦는다.

04

아몬드를 2~3등분한 뒤

02

아보카도유를 두른 팬에 다진 마늘을 넣어 약한 불에서
은근하게 볶다가

05

마른 팬에 올려 약한 불에서 노릇하게 볶아 식힌다.

03

새우와 청주를 넣고 센 불에서 볶는다.

06

07

고춧가루를 넣고 허브솔트를 뿌려 간을 한 뒤

10

먹기 좋게 찢어 대추방울토마토와 함께 볼에 넣는다.

08

표고버섯을 넣어 후루룩 볶은 다음 불에서 내린다.

11

들기름, 레몬즙, 매실청, 소금을 가볍게 섞어

09

로메인 상추와 치커리, 라디치오 잎은 깨끗이 씻어
물기를 제거하고

12

⑩에 넣어 버무린 다음 마지막에 새우와 표고버섯,
아몬드를 넣어 가볍게 섞어 그릇에 담는다.

새우표고버섯 샐러드

발사믹의 향이 구운 버섯과 잘 어우러지는
모둠버섯 샐러드

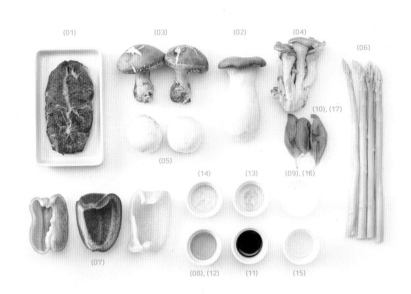

457
kcal

20
분 요리

🛒 재 료 준 비

		무엇	얼마나	특이 사항
주재료	(01)	쇠고기	100g	안심
	(02)	새송이버섯	1개	
	(03)	표고버섯	2개	
	(04)	느타리버섯	50g	
	(05)	양송이버섯	50g	
	(06)	아스파라거스	4줄기	
	(07)	초록·빨강·노랑 파프리카	1/4개씩	
	(08)	올리브유	1/2큰술	
	(09)	소금	약간	
	(10)	바질 잎	2장	
발사믹 글레이즈 드레싱	(11)	발사믹 글레이즈	1작은술	발사믹 식초로 대체 가능.
	(12)	올리브유	1큰술	아보카도유로 대체 가능.
	(13)	다진 마늘	1/4작은술	
	(14)	다진 양파	1/4작은술	
	(15)	꿀	1작은술	
	(16)	소금	1/6작은술	
	(17)	바질 잎	1장	채 썰어 준비.

발사믹은 포도즙을 숙성시켜 만든 포도주 식초로 피로물질이 젖산을 분해해 피로 해소에 효과가 있으며, 좋은 향기와 새콤한 맛으로 소금을 적게 사용하는 요리가 가능해집니다.

🧤 요 리 하 기 (◑ 준비 ◑ 조리)

01

쇠고기는 핏물을 제거한 후 1cm 폭으로 길게 썬 뒤

02

허브솔트를 약간 뿌려 밑간한다.

03

아스파라거스는 줄기 부분의 껍질을 벗긴 뒤
밑동을 자르고 3등분한다.

04

파프리카는 길이 방향으로 2cm 폭으로 썬다.

05

새송이버섯은 4등분한 뒤 도톰하게 편으로 썰고
표고버섯과 양송이버섯은 4등분한다. 느타리버섯은
큰 것만 반으로 가른다.

06

볼에 손질한 채소와 버섯을 모두 넣고 올리브유
1/2큰술과 소금을 뿌려 고루 섞어 잠시 둔다.

07 발사믹 글레이즈 드레싱 재료를 한데 넣고 고루 섞는다.

10 소금을 뿌려 먹음직스럽게 구워

08 바질 잎은 잘게 다진다.

11 볼에 담고 발사믹 글레이즈 드레싱을 넣어 버무린다.

09 그릴 팬에 올리브유를 두르고 붓이나 종이타월로 문질러 기름을 고루 묻힌 뒤 열이 충분히 오르면 쇠고기와 ⑥을 올린다.

12 그릇에 ⑪을 담은 뒤 바질 잎을 고루 얹어 낸다.

모둠버섯 샐러드

돼지고기구이와 쌈을 한 그릇에 담아낸

돼지고기채소 샐러드

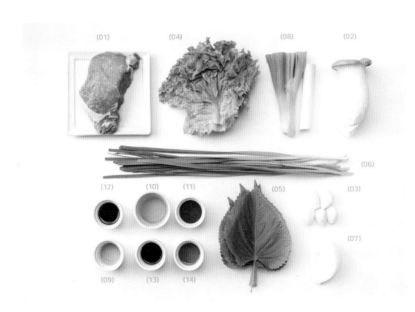

464
kcal

20
분 요리

🛒 재 료 준 비

		무엇	얼마나	특이 사항
주재료	(01)	돼지고기	150g	등심
	(02)	새송이버섯	1개	
	(03)	마늘	5쪽	
	(04)	상추	5쪽	
	(05)	깻잎	8장	
	(06)	부추	6~7줄기	
	(07)	양파	1/4개	
	(08)	대파	1/4대	
드레싱	(09)	들기름	1큰술	
	(10)	현미식초	2큰술	
	(11)	고춧가루	1작은술	
	(12)	간장	2작은술	
	(13)	참치액	1/2작은술	
	(14)	매실청	1큰술	

돼지고기는 쇠고기보다
비타민 B1(티아민)이
풍부한 식품입니다
티아민은 에너지 대사
및 신경과 근육 활동에
필요한 영양소로, 섭취한
음식으로부터 에너지를
만드는 데 도움을
주어 다이어트 효과를
높여줍니다.

요 리 하 기 (🔘 준비 🔘 조리)

01 돼지고기는 사방 1~1.5cm 크기로 썬 뒤
소금, 후춧가루를 뿌려 버무린다.

02 새송이버섯도 비슷한 크기로 썬다.

03 마늘은 4등분한다.

04 상추와 깻잎은 먹기 좋은 크기로 썬다.

05 부추는 4cm 길이로 썰고 양파와 대파는 채 썬다.

06 팬에 식용유 등의 기름을 살짝 두르고
마늘을 넣어 볶다가

상추와 깻잎은 손으로 찢어 사용해도 됩니다.

07 겉면이 노릇해지면 ①의 돼지고기를 넣어 볶는다.

10 들기름을 제외한 드레싱 재료를 모두 넣어
고루 섞은 뒤

08 마지막에 새송이버섯을 넣어 1분간 볶고 불을 끈다.

11 그릇에 펼쳐 담고 들기름을 고루 끼얹는다.

09 볼에 ④와 ⑤의 채소를 넣고

12 그 위에 구운 돼지고기와 버섯, 마늘을
보기 좋게 올려 낸다.

돼지고기채소샐러드

그릭 요거트의 상큼함이 돋보이는

닭가슴살토마토 샐러드

471 kcal

30 분 요리

🛒 재 료 준 비

		무엇	얼마나	특이 사항
주재료	(01)	닭가슴살	2개	
	(02)	레몬	1/2개	
	(03)	허브솔트	약간	
	(04)	올리브유	1/2큰술	
	(05)	샐러드용 채소	100g	
	(06)	대추방울토마토	7개	
드레싱	(07)	저지방 무가당 그릭 요거트	2큰술	
	(08)	하프 마요네즈	2작은술	
	(09)	다진 마늘	1/2작은술	
	(10)	올리고당	1큰술	
	(11)	레몬즙	1큰술	
	(12)	허브솔트	1/6작은술	

그릭 요거트는 지중해 지역에서 인공 첨가물 없이 전통 방식으로 만들어 먹던 요거트입니다. 일반 요거트에 비해 수분이 적고 맛이 진하며, 단백질은 1.5배 이상 많고 나트륨과 당 성분이 절반 이하로 낮은 식품입니다.

🧤 요 리 하 기 (🔴 준비 🔴 조리)

01

닭가슴살은 깨끗이 씻어 물기를 닦아낸 뒤
밀대로 가볍게 두드린다.

04

대추방울토마토는 반으로 썬다.

02

닭가슴살에 올리브유를 고루 바르고
허브솔트도 고루 뿌려 20~30분간 둔다.

05

달군 팬에 닭가슴살을 얹고 레몬즙을 고루 뿌리고

03

깨끗이 씻은 샐러드용 채소는 물기를 털고
먹기 좋은 크기로 찢는다.

06

즙을 짜고 남은 레몬을 팬 한쪽에 같이 넣어 굽는다.

Part 2. 포만감을 높여주는 다이어트 밸런스 샐러드

닭가슴살의 양을 줄이고 토마토의 양을 3배 정도 늘리면, 칼로리를 많이 낮추면서 상큼한 샐러드로 변신할 수 있습니다.

닭가슴살을 밀대로 두드리면 양념이 더 잘 뱁니다.

07 강한 불에서 앞뒤로 노릇하게 굽는다.

10 드레싱 재료는 한데 넣어 고루 섞는다.

08 팬의 뚜껑을 덮고 약한 불에서 속이 익을 때까지
앞뒤로 잘 구운 다음

11 그릇에 채소와 토마토,
구운 닭가슴살을 고루 섞어 담고

09 꺼내어 먹기 좋은 크기로 썬다.

12 드레싱을 고루 끼얹어 낸다.

구운 가지의 단맛과 잣의 고소함이 잘 어우러지는 샐러드

가지구이잣 샐러드

481 kcal

10 분 요리

🛒 재 료 준 비

		무엇	얼마나	특이 사항
주재료	(01)	가지	1개(약 100g)	일자로 뻗은 모양이 썰기 좋다.
	(02)	잣	1/5컵	다른 견과류로 대체 가능.
	(03)	양상추 잎	1장(40g)	
	(04)	소금	적당량	
	(05)	올리브유	1큰술	엑스트라 버진.
	(06)	발사믹 식초	2작은술	감칠맛을 더해준다.

영양이 풍부하고 고소한 잣은 불포화지방산을 다량 함유해 피부를 윤택하게 하며 여성들에게 부족한 철분이 많이 들어 있는 식품입니다.

🧤 요리하기 (◑ 준비 ◑ 조리)

01 올리브유와 발사믹 식초, 소금을 고루 섞는다.

02 잣은 마른 팬에 넣어 약한 불로 밝은 갈색이 돌도록 부드럽게 볶는다.

03 가지는 길이 방향으로 길게 편(0.3cm 두께)으로 썬다.

04 양상추 잎은 찬물에 담갔다가

05 물기를 제거하고

06 채 썬다.

1. 단백질 식품을 섭취하기 위해 저지방 우유나 두유 등을 함께 곁들여 드세요. 2. 잣은 열량이 높은 식품입니다. 너무 많이 섭취하지 않도록 주의하세요. 3. 잣이 없을 경우 호두 등 다른 견과류로 조리해도 좋습니다.

07

그릴 팬에 올리브유를 두른 뒤 붓이나 종이타월로
기름을 팬에 고루 묻힌다.

08

팬이 충분히 달궈지면 가지를 올리고
①의 발사믹 오일을 붓으로 가볍게 바르며

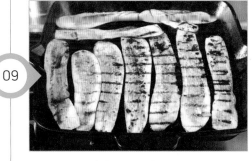

09

앞뒤로 노릇하게 굽는다.

10

접시에 가지를 펼쳐 올린 뒤

11

양상추채와

12

볶은 잣을 수북이 올린다. 양상추채와 잣을
충분히 넣어 돌돌 말아 먹는다.

가지구이잣샐러드

묵직한 아보카도와 싱싱한 토마토가 한데 어우러진

아보카도토마토 샐러드

487
kcal

20
분 요리

🛒 재 료 준 비

		무엇	얼마나	특이 사항
주재료	(01)	아보카도	1개	잘 익은 것으로 준비.
	(02)	토마토	1개	잘 익은 것으로 준비,
	(03)	쌈채소	50g	
	(04)	리코타 치즈	30g	
	(05)	이탤리언 파슬리	2~3줄기	
	(06)	후춧가루	약간	
	(07)	달걀	1개	
드레싱	(08)	디종 머스터드	1작은술	
	(09)	와인 비니거	1큰술	
	(10)	소금	1/6작은술	
	(11)	엑스트라 버진 올리브유	2큰술	

아보카도는 우리 몸에 필요한 필수지방산을 함유한 과일로, 칼로리는 일반 과일에 비해 높지만 당 함량은 적고 비타민과 무기질이 풍부해 영양학적으로 우수한 식품입니다.

요리하기 (● 준비 ● 조리)

01 아보카도는 껍질을 벗겨 5mm 두께의 편으로 썰고

04 볼에 와인 비니거와 소금을 넣어 거품기를 이용해 저어가며 소금을 녹인 뒤 디종 머스터드를 넣어 고루 섞는다.

02 토마토는 8등분해 웨지 모양으로 썬다.

05 올리브유를 넣어가며 고루 저어 기름을 잘 섞는다.

03 이탤리언 파슬리는 굵게 다진다.

06 쌈채소를 먹기 좋은 크기로 찢는다.

07 ⑤의 드레싱을 절반 정도 넣어 고루 버무린다.

10 군데군데 리코타 치즈를 얹고

08 접시에 아보카도와 토마토를 고루 담고
버무린 채소를 듬뿍 올린 다음

11 남은 드레싱을 끼얹어 낸다.

09 이탤리언 파슬리를 뿌린다.

12 수란을 만들어 함께 곁들인다.

구운 단호박의 단맛이 잘 살아나는

단호박리코타 샐러드

500
kcal

25
분 요리

🛒 재 료 준 비

		무엇	얼마나	특이 사항
주재료	(01)	단호박	1/2개	
	(02)	아몬드	5알	
	(03)	아보카도유	1큰술	
	(04)	허브솔트	1/8작은술	
	(05)	샐러드용 채소	30g	
	(06)	리코타 치즈	3~4큰술	
드레싱	(07)	저지방 무가당 그릭 요거트	2큰술	
	(08)	하프 마요네즈	1큰술	
	(09)	다진 마늘	1/2작은술	
	(10)	올리고당	1큰술	
	(11)	레몬즙	1큰술	
	(12)	허브솔트	1/6작은술	

단호박은 식이섬유가
풍부하고 항산화 영양소인
베타카로틴과 비타민이
풍부한 식품입니다.
불포화지방산이 풍부한
견과류, 아보카도유
등과 함께 섭취하면
베타카로틴의 흡수율을
높일 수 있습니다.

요리하기 (● 준비 ● 조리)

01 샐러드용 채소는 깨끗이 씻어

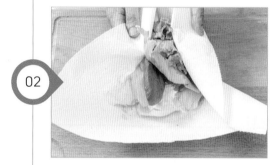

02 물기를 제거한다.

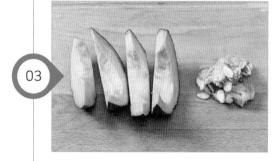

03 단호박은 씨를 긁어내고 4등분한다.

04 아몬드는 2~3조각으로 부순 후 마른 팬에서
약한 불로 노릇하게 볶는다.

05 드레싱 재료를 한데 넣어 고루 섞는다.

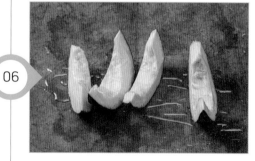

06 단호박에 아보카도유를 고루 발라 오븐 팬에 올린 뒤

단호박을 구울 때 오븐 대신 에어프라이어를 사용하거나 팬에 뚜껑을 덮어 아주 약한 불에 올려 고루 구워내도 됩니다.

07

허브솔트를 고루 뿌린다.

08

200℃로 예열한 오븐에 넣어
20분간 구운 뒤 한 김 식힌다.

09

그릇에 구운 단호박을 올리고

10

리코타 치즈를 1큰술씩 떠 단호박 위에 고루 담는다.

11

샐러드용 채소와 볶은 아몬드를 올리고

12

드레싱을 뿌려 낸다.

예쁘고 건강하게!
샌드위치 & 핑거푸드 도시락

다이어트하면 빵은 못 먹는 건가요? 다이어트의 적은 탄수화물이라는 생각으로 빵을 '끊으신' 분이 있다면 이번 파트에서 소개하는 건강 샌드위치 레시피를 활용해보세요. ● 밥도 백미가 아닌 현미를 선택하면 건강하게 먹을 수 있듯이, 빵도 정제된 밀가루가 아닌 호밀(통밀)로 만든 빵은 현미밥과 다르지 않습니다. 최근에는 설탕이 아닌 효모나 단맛을 내는 천연재료(바나나 등)를 이용한 빵도 많이 나오고 있는데요. 건강한 빵에 버터나 잼이 아닌, 기름기가 적은 단백질 식품이 어우러신 시시빙'시닐노니 샌느워시노 링링 긜닌스와 밋, ㅜ 가시 모두 챙겨보세요. ● 다이어트할 때 외식하기 부담스러워 도시락을 준비하고 싶을 때 있을 거예요. 다이어트 도시락을 아무리 찾아봐도 삶은 닭가슴살, 방울토마토, 채소, 현미밥 뿐…. 이런 도시락에 지쳤다면 보기 좋고 먹기 좋고 만들기 쉬운 핑거 푸드 레시피를 활용해보세요. 기분도 업! 맛과 건강도 업! 외식하는 기분으로 도시락을 즐겨보세요.

다이어트 조리법 POINT!

· 다양한 제철 채소와 구하기 쉬운 재료를 활용했습니다.

· 염분과 당 함량을 낮추기 위해 소스의 양을 줄여 칼로리가 높아지지 않도록 주의했습니다.

· 샌드위치는 기본적으로 어떤 빵을 사용하느냐가 중요합니다. 빵을 구입할 때 역양 성분과 원재료를 확이하고 칼로리아 단 나트륨 함량에 주의해야 합니다.

파프리카와 사과의 향이 입안 가득 기분 좋게 퍼지는 샌드위치

게살양상추 샌드위치

226 kcal

10 분 요리

🛒 재 료 준 비

		무엇	얼마나	특이 사항
주재료	(01)	잡곡식빵	2장	
	(02)	양상추 잎	1장	물에 담갔다 건져 물기 빼고 사용.
	(03)	홀그레인 머스터드	1작은술	
게살 샐러드	(04)	대게살	7개(30g)	
	(05)	빨강·노랑 파프리카	1/4개씩	
	(06)	사과	1/8개	채 썬 뒤 갈변을 막기 위해 찬물에 담근다.
	(07)	오렌지 농축액	1/2큰술	
	(08)	레몬즙	1/2작은술	
	(09)	올리브유	1작은술	
	(10)	올리고당	1/4작은술	
	(11)	생강즙·소금·후춧가루	약간씩	

게살 샐러드는 물기가
조금 생깁니다. 빵을 바짝
구워 샌드위치를 만들어
게살 샐러드의 수분을
없애세요. 또는 도시락에
샐러드를 따로 싸서 먹기
직전에 만들어 먹는 것도
좋은 방법입니다.

요리하기 (● 준비 ● 조리)

01

대게살은 끓는 물에 살짝 데쳐

02

찬물에 헹궈 물기를 빼고

03

반으로 잘라 찢는다.

04

파프리카는 반으로 갈라 씨와 하얀 속 부분을 긁어내고
5cm 길이로 잘라 곱게 채 썬다.

05

사과는 깨끗이 씻어 껍질째 곱게 채 썬다.

06

볼에 대게살과 파프리카채, 사과채를 담고
가볍게 섞은 뒤 나머지 샐러드 재료를 넣는다.

대게살 대신 게맛살을 사용한다면 단백질이 부족하지 않도록 달걀지단을 잘게 채 썰어 함께 사용하세요.

07 ⑥을 버무려 샐러드를 만든다.

10 빵 하나에 양상추 잎을 올리고

08 잡곡식빵은 두 장 모두 기름을 두르지 않은 그릴 팬에 앞뒤로 노릇하게 굽는다.

11 게살 샐러드를 올린 다음

09 두 개의 빵 모두 한쪽 면에 홀그레인 머스터드를 1/2작은술씩 펴 바른다.

12 나머지 빵을 덮는다.

게살양상추 샌드위치

곰취의 쌉싸래한 향이 구수한 강된장과 잘 어우러지는 쌈밥

율무강된장곰취 쌈밥

283 kcal

15 분 요리

깊은 산속 곰이 먹는다는 곰취는 비타민 A와 C, 칼슘, 베타카로틴 등 다양한 영양소를 가지고 있어 봄철 피로 해소에 좋은 채소입니다.

재료 준비

		무엇	얼마나	특이 사항
주재료	(01)	율무밥	1/2공기	
	(02)	곰취 잎	10장	
강된장	(03)	멸치국물	1/3컵	
	(04)	돼지고기	1큰술	다진 것.
	(05)	애호박	1/4개(약 80g)	
	(06)	양파(작은 것)	1/3개	
	(07)	청양고추	1/3개	매콤함을 더해준다.
	(08)	감자(중간 크기)	1/6개(약 20g)	강된장의 농도를 조절해 짠맛을 잡아준다.
	(09)	된장	1큰술	
	(10)	다진 마늘	1/3작은술	

요 리 하 기 (◐ 준비 ◑ 조리)

01 청양고추는 잘게 다지고 양파는 굵게 다진다.

02 애호박은 잘게 다진다.

03 감자는 껍질을 벗겨 강판에 간다.

04 냄비에 다진 돼지고기와 된장을 넣어

05 약한 불에서 조금 눋듯이 볶는다.

06 ⑤에 멸치국물을 붓고

다이어트 팁

1. 곰취 대신 다른 쌈 재료(취나물, 케일, 양배추, 씻은 김치 등)를 다양하게 사용해도 좋습니다. 2. 단백질 섭취량을 늘리고 싶다면 돼지고기의 양을 넉넉하게 넣어 강된장을 만들거나 두부를 곁들여 드셔도 좋습니다.

곰취는 끓는 물에 살짝만 데쳐야 해요. 또는 찜기에 올려 한 김 쪄내도 됩니다.

07 ①, ②, ③을 순서대로 넣어 고루 섞어

10 곰취 잎을 깔고 그 위에 밥을 1숟가락씩 올린다.

08 중간 불에서 3~4분간 끓여 그릇에 담는다.

11 ⑧의 강된장을 1작은술씩 밥 위에 올린 뒤

09 냄비에 곰취 잎과 물 1컵을 넣어 약한 불에 올려 숨만 죽으면 꺼내어 찬물에 헹군 뒤 물기를 뺀다.

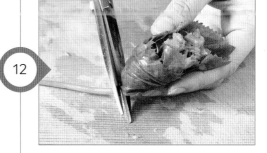

12 곰취 잎으로 감싸고 줄기는 잘라낸다.

율무강된장곰취 쌈밥

여러 가지 쌈 재료로 만든 모둠 쌈밥

닭가슴살쌈장현미 쌈밥

290 kcal

15 분 요리

🛒 재 료 준 비

		무엇	얼마나	특이 사항
주재료	(01)	현미밥	1/2공기	
	(02)	깻잎	3장	
	(03)	상추	3장	
	(04)	양배추 잎	1장	
	(05)	쌈미역	1줄기(30g)	없으면 생략 가능.
양념	(06)	참기름·깨소금	1/2작은술	
	(07)	소금	약간	
닭가슴살 쌈장	(08)	닭가슴살	20g	다진 것.
	(09)	고추장·된장·물·청주	1작은술씩	
	(10)	다진 마늘·올리고당	1/2작은술씩	
	(11)	후춧가루	약간	

쌈밥에 쌈장, 고추장 등의 전통 소스와 두부, 닭가슴살 같은 단백질 식품을 함께 넣어 만들어보세요. 단백질을 보충하고 나트륨 섭취는 줄이는 효과가 있습니다.

요리하기 (◑ 준비 ◐ 조리)

01 양배추 잎은 두꺼운 부분을 저며내고

04 찐 양배추 잎도 깻잎과 비슷한 크기로 자른다.

02 쌈미역과 함께 찜기에 올려 찐다.

05 깻잎과 상추는 흐르는 물에 씻어 물기를 털고
③, ④와 함께 준비해둔다.

03 쌈미역은 색깔이 변하면 바로 찜기에서 꺼내 깻잎과
비슷한 크기로 썬다.

06 다진 닭가슴살을 제외한 닭가슴살 쌈장 재료를
모두 섞는다.

다이어트 팁

단백질 섭취량을 늘리고 싶다면 닭가슴살의 양을 늘려 쌈장을 만드세요.

요리 팁

찜기가 없다면 쌈미역은 끓는 물에 10분간 데쳐 건지고, 양배추 잎은 8분간 삶아 건져 찬물에 헹구면 됩니다.

07

팬에 물을 살짝 두르고 다진 닭가슴살을
고슬고슬하게 볶다가

10

현미밥에 양념 재료를 모두 넣어 가볍게 섞는다.

08

⑥의 섞어놓은 닭가슴살 쌈장 재료를 넣어

11

⑤의 쌈 재료(양배추 잎, 쌈미역, 깻잎, 상추)에
각각 양념한 밥을 반 숟가락 정도씩 얹고

09

고루 섞어가며 조린다.

12

⑨의 닭가슴살 쌈장을 얹어 먹기 좋게 싼다.

구운 채소의 단맛이 호밀빵과 잘 어우러지는 샌드위치

구운치킨 샌드위치

295
kcal

10
분 요리

재료 준비

		무엇	얼마나	특이 사항
주재료	(01)	호밀식빵	2개	
	(02)	닭고기(안심)	2개(60g)	
	(03)	싱싱우 잎	1상	로메인 상추로 대체 가능.
	(04)	양파·피망·가지·애호박	1/6개씩	
	(05)	새송이버섯	1/2개	표고버섯으로 대체 가능.
	(06)	소금·후춧가루·올리브유	약간씩	
구이 양념	(07)	올리브유	1큰술	
	(08)	발사믹 식초	1작은술	

호밀은 밀의 한 종류로 식이섬유소가 많이 들어 있어 포만감을 주고 혈당이 낮은 것이 특징입니다. 닭고기 안심 부위는 지방량이 적고 부드러워 아기 이유식에도 사용되는 저지방 고단백 식품입니다.

요 리 하 기 (● 준비 ● 조리)

01 닭고기는 칼등으로 두꺼운 부분을 두드려 편다.

02 양파와 피망은 길이 방향으로 도톰하게 썰고

03 가지와 애호박, 새송이버섯은 호밀식빵과 비슷한
길이로 편으로 썬다.

04 구이 양념 재료는 거품기로 고루 섞는다.

05 그릴 팬에 조리용 붓을 이용해
올리브유를 고루 바르고 가열한다.

06 그릴 팬이 달궈지면 닭고기와 채소를 올리고

07

소금과 후춧가루를 살짝 뿌린다.

10

한 개의 호밀식빵 한쪽 면에 양상추를 얹는다.

08

구이 양념을 조리용 붓으로 닭고기와 채소에
고루 발라 앞뒤로 굽는다.

11

그 위에 구운 채소와 닭고기를 고루 올리고

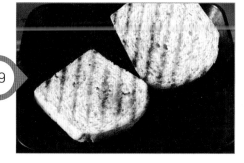

09

그릴 팬에 기름을 두르지 않고 호밀식빵을 올려
앞뒤로 노릇하게 구운 뒤 한 김 식힌다.

12

나머지 호밀식빵으로 덮는다.

구운치킨 샌드위치

짭조름한 장조림이 입맛을 돋우는 김밥

돼지고기장조림 김밥

316 kcal

7 분 요리

🛒 재료 준비

		무엇	얼마나	특이 사항
주재료	(01)	율무밥	1/2공기	
	(02)	돼지고기장조림	30g	
	(00)	깻잎 김	2장씩	
	(04)	단무지	1줄	
	(05)	게맛살	1줄	달걀지단으로 대체 가능.
	(06)	당근	1/6개(20g)	
	(07)	오이	1/4개	돌기만 제거한다.
밥 양념	(08)	참기름	1/2작은술	
	(09)	깨소금	약간	

단백질 섭취량을 늘리려면 게맛살 대신 달걀지단을 넣으세요.

요리하기 (● 준비 ● 조리)

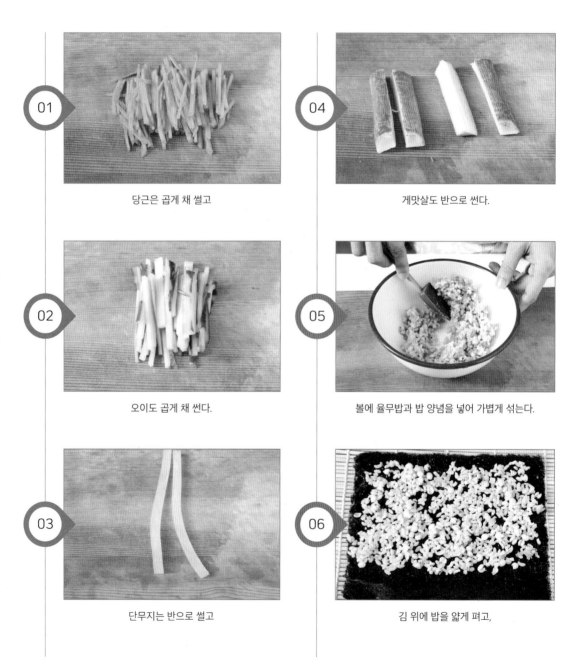

01 당근은 곱게 채 썰고

02 오이도 곱게 채 썬다.

03 단무지는 반으로 썰고

04 게맛살도 반으로 썬다.

05 볼에 율무밥과 밥 양념을 넣어 가볍게 섞는다.

06 김 위에 밥을 얇게 펴고,

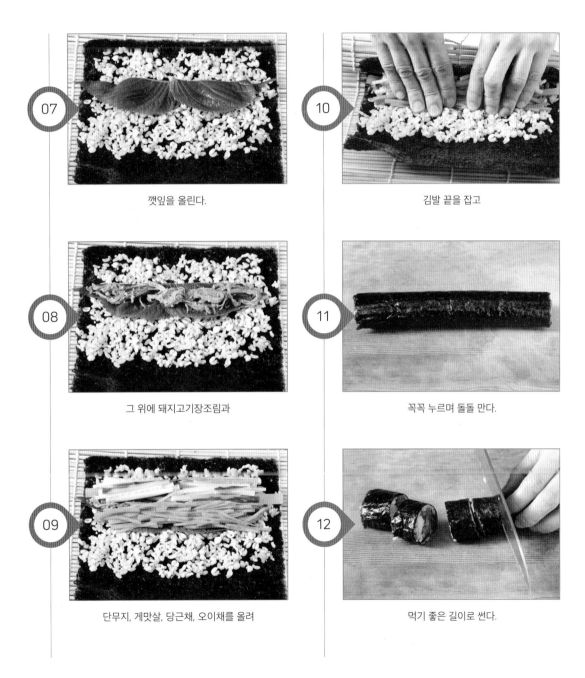

07 깻잎을 올린다.

08 그 위에 돼지고기장조림과

09 단무지, 게맛살, 당근채, 오이채를 올려

10 김발 끝을 잡고

11 꼭꼭 누르며 돌돌 만다.

12 먹기 좋은 길이로 썬다.

돼지고기장조림 김밥

쇠고기버섯구이 샌드위치

328 kcal

15 분 요리

🛒 재 료 준 비

		무엇	얼마나	특이 사항
주재료	(01)	호밀식빵	2개	
	(02)	쇠고기(안심)	100g	
	(03)	새송이버섯·표고버섯	1개씩	
	(04)	초록·빨강·노랑 파프리카	1/6개(20g)씩	
	(05)	올리브유	1작은술	
	(06)	바질 잎	3장	없으면 양상추 잎으로 대체 가능.
	(07)	홀그레인 머스터드	1작은술	
드레싱	(08)	발사믹 식초·다진 양파	1작은술씩	
	(09)	올리브유	2작은술	
	(10)	다진 마늘·꿀	1/2작은술씩	
	(11)	소금	약간	

버섯은 비타민과 무기질이 풍부한 저칼로리 식품입니다. 다이어트 음식에 빠질 수 없는 버섯을 다양한 요리에 활용해보세요.

요리하기 (⦿ 준비 ⦿ 조리)

파프리카는 길이 방향으로 1~1.5cm 폭으로 썬다.

두 가지 버섯은 겉면을 닦은 뒤 도톰하게 편으로 썬다.

볼에 두 가지 버섯을 모두 넣고 올리브유와 소금을 뿌려
고루 섞어 잠시 두었다가

드레싱 재료를 모두 넣고 고루 버무린다.

쇠고기는 얇게 편으로 썬다.

두 장의 식빵 모두 기름을 두르지 않은 그릴 팬에
앞뒤로 노릇하게 굽는다.

07

그릴 팬에 올리브유를 두른 다음 붓이나 종이타월로
문질러 올리브유를 고루 묻힌다.

10

두 개의 빵 모두 한쪽 면에 홀그레인머스터드를
1/2작은술씩 바르고

08

열이 충분히 오르면 중간 불로 줄이고
④의 버섯과 파프리카, 고기를 올린 다음

11

빵 하나에 바질 잎을 올린 뒤

09

고기에만 소금, 후춧가루를 살짝 뿌려
먹음직스럽게 굽는다.

12

버섯구이와 쇠고기구이, 파프리카를 올리고
나머지 빵으로 덮는다.

쇠고기버섯구이 샌드위치

데친 베이컨으로 지방과 염분을 줄인 샌드위치의 정석

저지방BLT 샌드위치

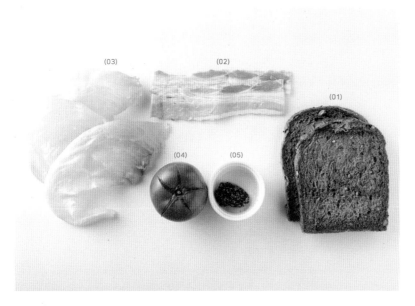

340
kcal

10
분 요리

🛒 재 료 준 비

		무엇	얼마나	특이 사항
주재료	(01)	호밀식빵	2장	
	(02)	베이컨	2줄	한국식 저염 베이컨 사용.
	(03)	양상추 잎	2장	
	(04)	토마토(작은 것)	1개	대저 토마토 사용 가능.
	(05)	홀그레인 머스터드	1작은술	

베이컨을 끓는 물에
데쳐서 사용하면 지방도
줄이고 불순물도 제거하는
효과가 있습니다.

요 리 하 기 (◐ 준비 ◑ 조리)

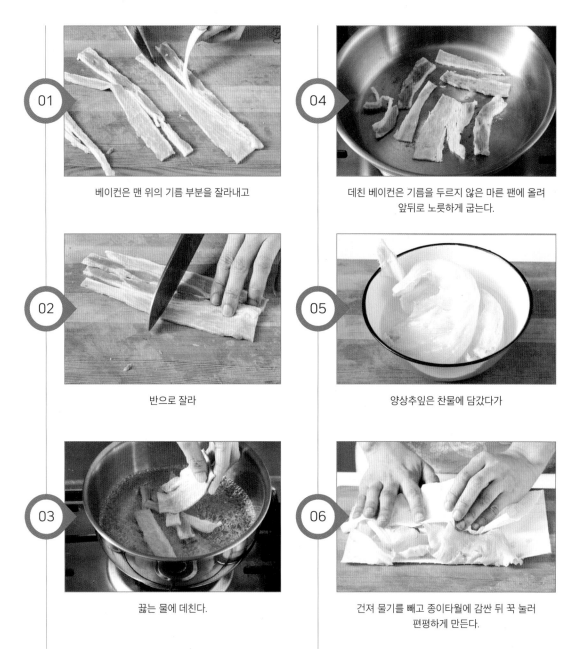

01 베이컨은 맨 위의 기름 부분을 잘라내고

02 반으로 잘라

03 끓는 물에 데친다.

04 데친 베이컨은 기름을 두르지 않은 마른 팬에 올려 앞뒤로 노릇하게 굽는다.

05 양상추잎은 찬물에 담갔다가

06 건져 물기를 빼고 종이타월에 감싼 뒤 꾹 눌러 편평하게 만든다.

1. 구운 빵은 충분히 식혀 사용합니다. 2. 토마토의 씨를 제거하여 사용하면 물기가 덜 생깁니다. 3. 모든 물기를 완전하게 제거해야 흐물거리지 않고 아삭한 채소의 식감과 베이컨 맛을 높일 수 있습니다.

07

토마토는 둥근 모양을 살려 0.7cm 두께로 썬다.

10

식빵 한 장 위에 양상추 잎, 베이컨,

08

호밀식빵은 기름을 바르지 않은 그릴 팬에 올려
앞뒤로 노릇하게 구운 뒤 식힌다.

11

양상추 잎, 토마토 순으로 올린 뒤

09

두 장의 호밀식빵 모두 한쪽 면에 홀그레인머스터드를
1/2작은술씩 펴 바른다.

12

나머지 식빵으로 덮는다.

저지방BLT 샌드위치

탱글탱글 씹히는 새우의 식감이 일품인 버거

미니새우 버거

🛒 재 료 준 비 ＊2회 제공 분량, 칼로리는 1회 제공 기준

		무엇	얼마나	특이 사항
주재료	(01)	모닝빵	2개	
	(02)	양상추 잎	2장	
	(03)	치커리	3~4줄기(10g)	
	(04)	토마토	1/4개	
새우 패티	(05)	칵테일 새우	120g	해동해서 사용.
	(06)	달걀	1/2개	
	(07)	다진 양파·다진 당근	2작은술씩	
	(08)	다진 노랑 파프리카	2작은술	
	(09)	소금·후춧가루	약간씩	
	(10)	밀가루	3큰술	
	(11)	빵가루	적당량	
소스	(12)	레몬즙	1/2작은술	
	(13)	다진 피클·다진 양파	1/2작은술씩	새우의 비린내를 잡는다.
	(14)	후춧가루	약간	

햄버거는 누구에게나 인기 메뉴지만 선뜻 사 먹기에는 걱정이 앞섭니다. 집에서 건강에 좋은 햄버거를 직접 만들어보세요. 다양한 채소를 푸짐하게 넣으면 산뜻하고 맛있는 한 끼가 됩니다.

요리하기 (◑ 준비 ● 조리)

01 소스 재료를 고루 섞는다.

02 양상추 잎과 치커리는 찬물에 담갔다 건져 물기를 털고,
종이타월에 감싸 눌러 물기를 빼고 납작하게 만든다.

03 토마토는 둥근 모양을 살려 얇게 저민다.

04 칵테일 새우는 깨끗이 씻어 꼬리를 제거하고
칼로 굵게 다진다.

05 볼에 다진 새우살과 나머지 새우 패티 재료를 넣어
충분히 치대어 끈기가 생기면

06 2개로 나눠 새우 패티를 만든다.

패티를 190℃의 오븐에서 20~25분간 구우면 기름기 없이 구울 수 있습니다.

07 새우 패티에 달걀, 빵가루 순으로 옷을 입힌다.

10 모닝빵 아래쪽 면 위에 양상추를 깔고 새우 패티를 올린다.

08 포도씨유를 살짝 두른 팬에 새우 패티를 올려 중약불에서 한 면당 3~4분씩 뚜껑을 덮고 앞뒤로 노릇하게 굽는다.

11 토마토와 치커리를 올리고 ①의 소스를 뿌린 뒤

09 모닝빵은 반으로 갈라 기름을 두르지 않은 그릴 팬에 안쪽 면만 노릇하게 굽는다.

12 위쪽 빵으로 덮는다. 같은 방법으로 새우 버거 2개를 만든다.

미니새우 버거

양배추의 달달함이 매콤한 닭고기를 부드럽게 감싸주는 롤

닭고기양배추 롤

376
kcal

10
분 요리

🛒 재료 준비

		무엇	얼마나	특이 사항
주재료	(01)	현미밥	1/2공기	
	(02)	닭고기(안심)	3개(60g)	
	(03)	다진 김치	1줄기(50g)	물기를 뺀다.
	(04)	양배추 잎	4장	두꺼운 부분은 저며낸다.
	(05)	다시마	1장	없으면 빼도 된다.
	(06)	깨소금	1/2작은술	아마시드로 대체 가능.
	(07)	참기름	약간	
밑간	(08)	청주	1큰술	
	(09)	다진 마늘	1/2작은술	
	(10)	포도씨유·후춧가루	약간씩	
양념	(11)	고춧가루	2작은술	
	(12)	고추장·올리고당	1작은술씩	
	(13)	간장	1/2작은술	

양배추에 들어 있는 비타민 U 성분은 체내 지방의 축적을 예방해주는 효과가 있습니다. 식이섬유소가 풍부한 양배추는 저칼로리 다이어트 식품으로 각광받고 있습니다.

요 리 하 기 (● 준비 ◐ 조리)

01 양배추 잎은 두꺼운 부분을 저며낸 뒤
찜기에 올려 7~10분간 찐다.

02 다시마는 찬물에 담가 짠맛을 뺀 뒤
0.7cm 폭으로 길게 썬다.

03 닭고기는 사방 1cm 크기로 썰어

04 밑간으로 가볍게 버무려 잠시 재운다.

05 양념 재료를 고루 섞는다.

06 현미밥에 잘게 다진 김치, 깨소금, 참기름을 넣어
고루 섞는다.

더 엄격한 저염식을 원한다면 양념을 빼고 조리하세요.

양배추 잎의 두꺼운 부분은 저며서 얇게 만들어야 롤 형태로 말기 수월합니다.

07

달군 팬에 물을 살짝 두르고 닭고기를 넣어 볶다가 겉면이 하얘지면 물 1~2큰술을 더 넣고 볶아 속까지 잘 익힌다.

10

꼭꼭 누르며 돌돌 만다.

08

⑤의 양념을 넣어 후루룩 볶은 다음 불을 끈다.

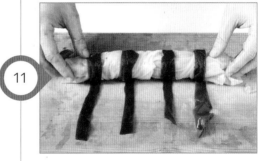

11

양배추말이밥을 일정한 간격을 두고 길게 썬 다시마로 묶는다.

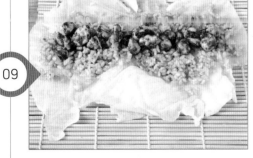

09

김발 위에 양배추 잎 2장을 깔고 ⑥의 현미밥을 얇게 깐 뒤 닭고기를 올린다.

12

다시마 사이사이를 썰어 완성한다.

파프리카의 신선함과 쇠고기의 고소함이 잘 어우러진 핑거 푸드

쇠고기잡곡밥 채소말이

386 kcal

10 분 요리

🛒 재 료 준 비

		무엇	얼마나	특이 사항
주재료	(01)	잡곡밥	2/3공기	
	(02)	쇠고기	70g	불고깃감.
	(03)	파프리카	1/4개	흰 심지와 씨 제거.
	(04)	팽이버섯	1/4팩	
	(05)	파채	10g	얇게 어슷썰기해 사용해도 된다.
	(06)	포도씨유	약간	
쇠고기 밑간 양념	(07)	간장·청주·다진 마늘	1작은술씩	
	(08)	소금·후춧가루	약간씩	

파를 고기와 함께 먹으면 콜레스테롤 수치를 낮춰주며 고기의 식감을 부드럽게 하고 풍미를 한층 높여줍니다.

요 리 하 기 (● 준비 ● 조리)

01 쇠고기는 종이타월에 감싸 눌러 핏물을 뺀다.

02 쇠고기 밑간 양념 재료를 모두 넣어 섞는다.

03 ①의 쇠고기를 가볍게 버무려 20~30분간 재운다.

04 파프리카는 곱게 채 썰고,

05 팽이버섯은 밑동을 자르고

06 가닥가닥 찢는다.

1. 파채는 파를 반으로 갈라 가운데 심을 제거하고 포개서 길이 방향으로 곱게 썰면 됩니다. 2. 랩에 싸인 채로 썰어야 하므로 김발에서 돌돌 말때 랩 끝을 잡아당겨 밥과 같이 말리지 않도록 주의하세요.

07 팬에 포도씨유를 살짝 두르고

10 파프리카와 팽이버섯, 파채, ⑧의 쇠고기를 얹어

08 ③의 쇠고기를 올려 약한 불에서 굽는다.

11 돌돌 만다.

09 도마에 김발과 랩을 깔고 밥을 펼친 뒤

12 적당한 크기로 썰어 그릇에 담는다.

마늘종의 알싸하면서 달달한 맛이 포인트

쇠고기마늘종 김밥

(04) (02) (04)
(01) (05) (04) (03)
(08) (09) (09) (06) (12) (13)
(10) (10) (07) (11) (11) (13)

388
kcal

15
분 요리

🛒 재 료 준 비

		무엇	얼마나	특이 사항
주재료	(01)	잡곡밥	1/2공기	
	(02)	쇠고기	70g	잡채용.
	(03)	마늘종	50g	
	(04)	적양배추 잎·양상추 잎·김	2장씩	
쇠고기마늘종 조림 양념	(05)	붉은 고추	1개	
	(06)	간장	1작은술	
	(07)	맛술	2작은술	
	(08)	후춧가루·참기름	약간씩	
	(09)	포도씨유·들기름	적당량씩	
쇠고기 양념	(10)	다진 파·다진 마늘	1작은술씩	
	(11)	간장·참기름	1/2작은술씩	
	(12)	꿀	1/3작은술	
	(13)	소금·후춧가루	약간씩	

마늘종은 콜레스테롤을 낮춰주는 효능을 지닌 식품이지만 단백질이 부족하고, 쇠고기는 단백질은 풍부하지만 지방 함량이 다소 높은 식품으로, 함께 조리해 섭취하면 서로 보완해 영양 밸런스를 맞출 수 있습니다.

요리하기 (🌑 준비 🌓 조리)

01 쇠고기는 종이타월에 감싸 핏물을 빼고

02 쇠고기 양념 재료를 모두 넣어 조물조물 무쳐 잠시 재운다.

03 붉은 고추는 반 갈라 씨를 털고 곱게 채 썬다.

04 적양배추 잎과 양상추 잎도 곱게 채 썬다.

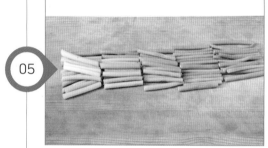

05 마늘종은 4cm 길이로 썰어

06 끓는 물에 소금을 넣어 데친다.

👆 다이어트 팁

마늘종은 식초에 담가 초절임으로 해 먹어도 좋은 반찬입니다.

🍳 요리 팁

쇠고기마늘종조림을 할 때 고추채는 마지막에 넣어야 씹히는 식감을 살릴 수 있습니다.

07

포도씨유를 두르고 ②의 쇠고기를 볶다가 들기름을 두르고 ⑥의 데친 마늘종을 넣어 볶는다.

10

김발 위에 김을 깔고 잡곡밥을 얹어 얇게 펼친다.

08

적당히 볶아지면 간장과 맛술을 섞어 끼얹고 뒤적여가며 뭉근히 조린다.

11

밥 위에 채 썬 적양배추 잎과 양상추 잎을 올리고 쇠고기마늘종조림을 고루 얹어 돌돌 만다.

09

③의 붉은 고추채를 넣고 참기름과 후춧가루를 뿌려 고루 섞어 불에서 내린다.

12

먹기 좋게 썰어 그릇에 담는다.

쇠고기마늘종 김밥

산뜻하게 씹히는 식감이 기분 좋은 월남쌈

닭가슴살 월남쌈

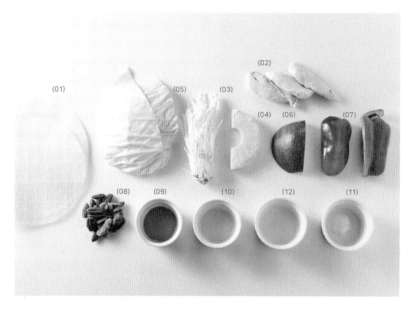

396 kcal

10 분 요리

🛒 재료 준비

		무엇	얼마나	특이 사항
주재료	(01)	라이스페이퍼	4장	
	(02)	닭가슴살	1개	
	(03)	팽이버섯	1/3팩	
	(04)	파인애플 링	1/2개	상큼한 맛을 더해준다.
	(05)	양배추 잎	1장	
	(06)	사과	1/4개	
	(07)	초록·빨강 파프리카	1/3개씩	
견과류 소스	(08)	견과류	20g	
	(09)	올리고당	1/2작은술	
	(10)	저지방 우유	1큰술	
	(11)	저지방 그릭 요거트	1작은술	
	(12)	화이트 와인	1작은술	없으면 생략 가능.

다양한 채소와 함께 즐길 수 있는 월남쌈은 다이어트하는 사람에게 좋은 음식입니다. 미리 싸놓고 먹기보다 싸면서 먹으면 천천히 먹을 수 있어 포만감이 큽니다.

요 리 하 기 (◗ 준비 ◗ 조리)

01 견과류는 마른 팬에 올려 약한 불에서 노릇하게 볶는다.

02 믹서에 볶은 견과류를 넣고 곱게 간다.

03 화이트 와인을 제외한 견과류 소스 재료를
모두 냄비에 넣고 불을 올린다. 끓어오르면 약한 불로
줄인 뒤 화이트 와인을 넣고 저어가며 졸인다.

04 양배추 잎은 곱게 채 썰고
팽이버섯은 밑둥을 잘라내고 손으로 가른다.

05 사과는 곱게 채 썰고 파인애플 링은 8등분한다.

06 파프리카는 곱게 채 썬다.

 다이어트 팁

기호에 따라 소스는 조금씩 찍어 먹어도 됩니다.

🍳 요리 팁

라이스페이퍼는 서로 붙지 않도록 한 장 한 장 따로 다뤄야 합니다.

07

닭가슴살은 삶아 손으로 먹기 좋은 크기로 찢는다.

10

⑨의 라이스페이퍼 가운데
견과류 소스 1/2작은술을 얹는다.

08

뜨거운 물에 라이스페이퍼를 담가

11

준비한 채소와 과일을 모두 올린 뒤 닭가슴살을 얹는다.

09

투명해지면 건져 깨끗한 젖은 행주 위에 올린 뒤
반으로 자른다.

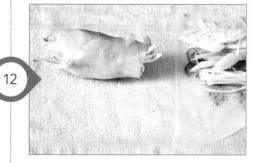

12

라이스페이퍼의 양옆을 가운데로 접어
단단하게 고정한다.

닭가슴살 월남쌈

서양식 고기볶음을 먹는 듯한 느낌의 샌드위치
쇠고기양파볶음 샌드위치

410 kcal

15 분 요리

🛒 재 료 준 비

		무엇	얼마나	특이 사항
재료	(01)	잡곡식빵	2장	
	(02)	쇠고기	50g	잡채용
	(03)	잉피·딜갈	1케빅	
	(04)	홀그레인 머스터드	1작은술	
양념	(05)	발사믹 식초·올리브유	1작은술씩	
	(06)	소금·후춧가루	약간씩	

쇠고기양파볶음 샌드위치는
아작아작 씹히는 양파의
식감이 좋은 요리입니다.
양파의 식감이 잘 살도록
양파의 숨이 너무 죽지 않게
볶으세요.

요 리 하 기 (● 준비 ● 조리)

01 양파는 두껍게 채 썰고

02 쇠고기는 종이타월에 감싸 핏물을 뺀다.

03 양념 재료를 모두 볼에 넣어 고루 섞는다.

04 프라이팬에 포도씨유를 살짝 두르고

05 달걀프라이를 만들어 꺼내고

06 달걀프라이를 한 팬에 양파를 넣어 볶다가

달걀프라이를 만든 팬에 기름을 닦아내고, 물을 조금 넣어 채소를 볶으면 칼로리를 줄일 수 있습니다.

07

양파가 살짝 숨이 죽으면 쇠고기를 넣어 볶는다.

10

두 개의 빵 모두 한쪽 면에
홀그레인 머스터드를 펴 바른다.

08

쇠고기의 겉면이 노릇해지면 ③의 양념을 넣어
고루 섞어가며 볶는다.

11

빵 하나에 쇠고기양파볶음을 올리고

09

두 개의 식빵 모두 기름을 두르지 않은 그릴 팬에
앞뒤로 노릇하게 굽는다.

12

달걀프라이를 얹은 뒤 나머지 빵으로 덮는다.

쇠고기양파볶음 샌드위치

닭가슴살의 퍽퍽함을 잊는 부드러운 소스의 샌드위치

닭가슴살토마토 샌드위치

428 kcal

10 분 요리

🛒 재 료 준 비

		무엇	얼마나	특이 사항
주재료	(01)	통밀식빵	2장	
	(02)	닭가슴살	1쪽(약 100g)	
	(03)	토마토·피망	1/4개씩	
	(04)	양파	1/6개	찬물에 담가 아린 맛을 뺀다.
	(05)	양상추 잎	2장	
	(06)	치커리	약간	
	(07)	홀그레인 머스터드	1작은술	
데리야키 소스	(08)	간장·청주	1큰술씩	
	(09)	생강즙·레몬즙	1작은술씩	

소스의 양을 줄여서 섭취하려면 머스터드는 생략해도 됩니다. 저염식을 원힌디먼 데리야기 소스를 만들 때 물을 조금 섞어 닭가슴살에 간하세요. 홀그레인머스터드는 넣지 않아도 됩니다.

요 리 하 기 (◗ 준비 ◗ 조리)

01 닭가슴살은 속까지 빨리 익히기 위해
칼등으로 두드려 두꺼운 부분을 편다.

02 양파는 채 썰어 찬물에 잠시 담갔다가 물기를 뺀다.

03 피망은 채 썰고

04 토마토는 둥근 모양을 살려 0.5cm 두께로 얇게 썬다.

05 양상추 잎과 치커리는 찬물에 담갔다 건져

06 먹기 좋게 뜯은 뒤 종이타월에 올려 꾹 눌러
편평하게 만들며 물기를 뺀다.

07 팬에 물을 두르고

10 그릴 팬에 기름을 두르지 않고 빵을 올려
앞뒤로 노릇하게 굽는다.

08 닭가슴살을 중간 불에서 앞뒤로 굽는다. 표면이 익으면 물을 약간
더 넣고 불을 줄인 뒤 뚜껑을 덮어 수증기로 속까지 잘 익힌다.

11 두 장의 식빵 모두 한쪽 면에 홀그레인머스터드를
1/2작은술씩 얇게 펴 바른다.

09 ⑧에 분량의 재료를 섞은 데리야키 소스를 넣어 센 불에서
양념이 잘 배도록 굽는다. 이때 양념이 타지 않도록
닭가슴살을 앞뒤로 뒤집고 양념을 모아가며 조린다.

12 식빵 한 장에 손질한 채소와 충분히 식힌
닭가슴살을 차례로 올린 뒤 나머지 식빵을 덮는다.

닭가슴살토마토 샌드위치

오삼불고기 맛과 같은 감칠맛 가득한 쌈밥

돼지고기오징어 쌈밥

432 kcal

10 분 요리

🛒 재 료 준 비

		무엇	얼마나	특이 사항
주재료	(01)	율무밥	1/2공기	
	(02)	돼지고기	50g	다진 것.
	(03)	오징어	1/4마리	손실한 것.
	(04)	양배추 잎	1장	단맛을 더해준다.
	(05)	깻잎	6장	향을 더해준다.
	(06)	포도씨유	약간	물로 대체 가능.
돼지고기오징어 볶음 양념	(07)	고춧가루	2작은술	
	(08)	고추장·청주·올리고당	1작은술씩	
	(09)	다진 마늘·간장	1/2작은술씩	
	(10)	후춧가루	약간	

깻잎은 칼륨, 칼슘, 철분 등 무기질 함량이 많은 대표적인 알칼리성 식품입니다. 특히 여성에게 부족한 영양소인 철분이 시금치보다 많이 들어 있습니다.

요 리 하 기 (● 준비 ● 조리)

01 다진 돼지고기는 종이타월에 감싸 핏물을 제거한다.

02 양배추 잎은 잘게 다진다.

03 오징어는 끓는 물에 살짝 데쳐

04 잘게 다진다.

05 양념 재료를 모두 넣어 고루 섞는다.

06 다진 돼지고기와 오징어, 양배추 잎을 한데 넣고
⑤의 양념을 넣어

전체적으로 흩어지기 쉬운 재료이므로 랩을 이용해 모양을 잡고, 그대로 도시락에 싸 먹기 직전에 풀러 한입에 먹으세요.

07 고루 섞어 20분 정도 재운다.

10 돼지고기오징어볶음에 율무밥을 넣어 고루 섞는다.

08 팬에 포도씨유 또는 물을 살짝 두르고

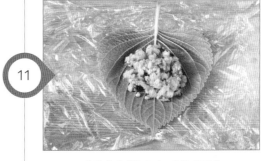

11 랩 위에 깻잎을 올리고 ⑩을 올린 후

09 ⑦을 넣어 볶는다.

12 동그랗게 뭉친다.

볶은 양파와 고기 패티가 한데 어우러진 버거형 샌드위치

돼지고기양파 샌드위치

456
kcal

15
분 요리

🛒 재료 준비

		무엇	얼마나	특이 사항
주재료	(01)	호밀식빵	2개	
	(02)	다진 돼지고기	100g	
	(03)	양상추 잎	1과 1/2장	
	(04)	양파	20g	단맛을 더해준다.
	(05)	식빵	1/3쪽	빵가루로 대체 가능.
	(06)	달걀물	1큰술	
	(07)	마늘	1/2쪽	
	(08)	소금·후춧가루	약간씩	
	(09)	넛맥가루	약간	잡내를 잡아준다.
	(10)	홀그레인 머스터드	2작은술	
양파볶음	(11)	양파	1/2개	
	(12)	저지방 버터·다진 마늘	1작은술씩	
	(13)	레드 와인	2작은술	

고기를 주식으로 하는 프랑스인이 미국인에 비해 심혈관계 질환이 적은 이유를 레드 와인의 레스베라트롤 성분에서 찾았습니다. 이를 프렌치 패러독스(French Paradox)라고 하는데, 포도의 레스베라트롤 성분은 강력한 항산화 영양소로 알려져 있습니다.

요 리 하 기 (● 준비 ● 조리)

01 다진 돼지고기는 종이타월에 감싼 뒤 눌러 핏물을 뺀다.

02 식빵은 가장자리를 제거하고 강판에 간다.

03 마늘과 양파는 다진다.

04 큰 볼에 돼지고기, 양파, 마늘, 식빵가루, 달걀물, 소금, 후춧가루, 넛맥가루를 모두 넣어 끈기가 생기도록 치댄다.

05 0.7cm 두께의 원형으로 빚은 뒤 가운데 부분을 누른다.

06 팬에 물을 두르고 ⑤의 패티를 넣어 중간 불에서 2분간 굽고 뒤집은 다음 뚜껑을 덮어둔다.

07

양파볶음의 양파는 곱게 채 썬다.

10

양상추 잎은 찬물에 담갔다 건져 물기를 빼고
종이타월에 감싸 꾹 눌러 편평하게 만든다.

08

팬에 버터를 두르고 중간 불에서 양파채를 볶는다. 양파가
투명해지면 다진 마늘을 넣고 강한 불로 바꿔 잘 저으며 볶는다.

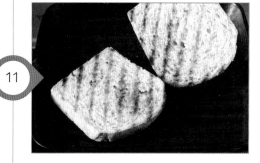

11

두 개의 호밀식빵 모두 기름을 두르지 않은 팬에 올려
앞뒤로 노릇하게 굽는다.

09

갈색이 나면 레드 와인을 넣고 볶아
'불 향'을 낸 뒤 불을 끈다.

12

구운 호밀식빵에 홀그레인머스터드를 1작은술씩
바른다. 식빵 한 개에 양상추 잎과 양파볶음을 올린 뒤
⑥의 패티를 올리고 나머지 빵으로 덮는다.

약고추장의 달달함이 배어 있는 추억의 맛

매콤쇠고기 주먹밥

462 kcal

15 분 요리

🛒 재료 준비

		무엇	얼마나	특이 사항
주재료	(01)	잡곡밥	1/2공기	
	(02)	쇠고기	80g	다진 것.
	(03)	김가루	약간	
약고추장	(04)	고추장·고춧가루·청주	1/2큰술씩	
	(05)	다진 마늘	1/4작은술	
	(06)	꿀·포도씨유	1/2작은술씩	
	(07)	참기름·통깨	1/3작은술씩	

고추장, 쌈장, 된장 등의 장류를 그냥 먹기보다 쇠고기, 돼지고기, 닭고기, 두부 등을 넣어 양념장을 만들어 먹으면 단백질 섭취량을 늘릴 수 있습니다.

요 리 하 기 (준비 조리)

🖖 다이어트 팁

1. 약고추장의 간을 싱겁게 하고 쇠고기의 양을 늘려 단
백질 섭취량이 부족하지 않도록 합니다. 2. 약고추장을
조리할 때 타지 않도록 약한 불로 하세요.

01 쇠고기는 종이타월에 감싸 핏물을 뺀다.

04 볶다가

02 분량의 재료를 섞어 약고추장을 만든다.

05 ②의 약고추장을 넣어

03 팬에 다진 쇠고기를 넣어

06 물기가 없어질 때까지 볶는다.

3. 약고추장을 만들 때 토마토를 활용해 '토마토쇠고기 약고추장'을 만들면 나트륨 함량을 더 줄일 수 있습니다.

삼각 틀이 없을 때는 동그랗게 모양을 잡아 꾹 눌러 패티 모양으로 만듭니다.

07 삼각 틀에 밥을 채우고 가운데를 옴폭하게 누른 뒤

10 팬에 참기름을 살짝 두르고

08 ⑥의 쇠고기약고추장을 소복이 채운다.

11 주먹밥을 올려

09 틀에서 꺼내어

12 앞뒤로 노릇하게 굽는다.

매콤쇠고기 주먹밥

멸치의 고소하고 짭조름한 맛이 일품인 주먹밥

퀴노아멸치 주먹밥

478 kcal

15 분 요리

🛒 재료 준비

		무엇	얼마나	특이 사항
주재료	(01)	현미퀴노아밥	1/3공기	
	(02)	잔멸치	20g	찬물에 10분간 담갔다 씻어 마른 팬에 볶아 사용.
	(03)	당근	1/3개	
	(04)	소금·포도씨유	약간씩	포도씨유는 물로 대체 가능.
밥 양념	(05)	참기름	1/2작은술	
	(06)	깨소금	약간	
멸치 조림장	(07)	간장·다진 마늘	1/4작은술씩	
	(08)	꿀·청주·깨소금	1/4작은술씩	
	(09)	참기름	1/4작은술	

퀴노아는 쌀에 비해 단백질 2배, 칼륨 6배, 칼슘 7배, 철분은 20배 이상 함유되어 있는 슈퍼푸드입니다. 식이섬유소가 많아 포만감이 높고 소화를 촉진해 다이어트에 좋은 건강식품으로 알려져 있습니다.

요 리 하 기 (● 준비 ● 조리)

01 멸치는 체에 흔들어 부스러기를 턴다.

02 분량의 재료를 섞어 멸치 조림장을 만든다.

03 당근은 잘게 다진다.

04 팬에 포도씨유 또는 물을 두르고
다진 당근을 보슬보슬하게 볶다가

05 기호에 따라 소금을 뿌려 살짝 간한 뒤
불을 끄고 식힌다.

06 멸치는 마른 팬에 볶다가 불을 끄고
②의 멸치 조림장을 넣어 버무린다.

다이어트 팁

멀치만으로는 단백질이 부족할 수 있습니다. 단백질 함량이 높은 곡물인 퀴노아를 활용하면 단백질 섭취량을 늘릴 수 있습니다. 퀴노아가 없다면 구하기 쉬운 귀리를 사용해도 좋아요.

요리 팁

퀴노아는 다른 곡물에 비해 찰기가 전혀 없어 밥이 잘 뭉쳐지지 않으니, 꼭 랩을 감싸 주먹밥을 만드세요.

07
밥에 양념을 넣어

10
⑤의 당근을 넣어 섞는다.

08
가볍게 섞는다.

11
밥을 조금씩 떠

09
양념한 밥에 ⑥의 볶은 멸치와

12
랩 위에 적당량 올려 동그랗게 뭉쳐 싼다.

퀴노아멸치주먹밥

생양파의 상큼함이 연어와 잘 어우러지는 샌드위치

연어양파 샌드위치

482
kcal

5
분 요리

🛒 재 료 준 비

		무엇	얼마나	특이 사항
주재료	(01)	통밀식빵	2개	
	(02)	훈제 연어	100g	먹기 좋게 반으로 썬다.
	(03)	리코타 치즈	1큰술	
	(04)	양파	1/3개	비린 맛을 없애준다.
	(05)	샐러드용 채소	40g	물에 담가두었다가 사용.
소스	(06)	다진 양파	2작은술	
	(07)	다진 케이퍼	1/3작은술	없으면 생략 가능.
	(08)	다진 마늘	1/3작은술	연어의 비린내를 잡는다.

리코타 치즈는 치즈 중 가장 칼로리가 낮으며 샐러드에 다양하게 활용됩니다. 집에서도 간단하게 만들 수 있다는 장점이 있습니다.

요리하기 (◐ 준비 ◑ 조리)

01 양파는 둥근 모양을 살려 얇게 저민다.

02 찬물에 10분간 담가 아린 맛을 빼고

03 건져 물기를 뺀다.

04 샐러드용 채소는 찬물에 담갔다가

05 건져 채소 탈수기로 물기를 뺀다.

06 소스 재료를 모두 섞어 소스를 만든다.

🍳 요리 팁

양파가 얇아야 연어와 잘 어우러집니다.

07

두 개의 통밀식빵 모두 기름을 두르지 않은 그릴 팬에
앞뒤로 노릇하게 구운 뒤 식힌다.

10

2등분한 훈제 연어를 올린 뒤 ⑥의 소스를 바른다.

08

두 개의 빵 모두 한쪽 면에 리코타 치즈를
반씩 펴 바른다.

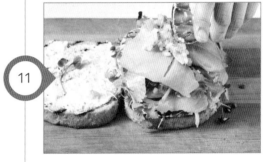

11

그 위에 나머지 샐러드용 채소와 훈제 연어를 올리고
다시 소스를 바른 뒤

09

빵 하나에 샐러드용 채소 반과 양파를 올리고

12

나머지 식빵으로 덮는다.

연어양파 샌드위치

사과의 향긋함이 입안을 가득 메우는 김밥
닭가슴살장조림 김밥

490 kcal

10 분 요리

🛒 재 료 준 비

		무엇	얼마나	특이 사항
주재료	(01)	현미밥	1/2공기	
	(02)	닭가슴살장조림	1/2컵(30g)	
	(03)	김	1장	
	(04)	달걀	1개	
	(05)	사과	1/3개	핵심 재료로 사용.
	(06)	당근	1/6개	
	(07)	적양배추 잎·양상추 잎	1장씩	
	(08)	깻잎	2장	
배합초	(09)	식초·올리고당	2작은술씩	
	(10)	소금	약간	
마요네즈 소스	(11)	하프 마요네즈	2작은술	기호에 따라 빼도 좋다.
	(12)	겨자·레몬즙	1작은술씩	
	(13)	소금·후춧가루	약간씩	

보기 좋고 먹기 좋은 핑거 푸드는 간단하면서도 풍부한 영양소를 섭취할 수 있습니다. 레시피의 채소가 아니어도 좋습니다. 김밥에 다양한 채소를 활용해보세요.

요 리 하 기 (● 준비 ● 조리)

01 달걀은 곱게 풀어

02 팬에 얇게 부쳐 지단을 만들어 2등분한다.

03 양상추 잎과 적양배추 잎은 곱게 채 썰고

04 사과와 당근도 곱게 채 썬다.

05 마요네즈 소스 재료를 모두 넣어 고루 섞는다.

06 배합초 재료를 고루 섞어 소금을 잘 녹인다.

07

닭가슴살장조림은 체에 밭쳐 물기를 뺀다.

10

마요네즈 소스를 고루 바른 뒤
달걀지단과 깻잎을 얹는다.

08

볼에 현미밥을 넣고 배합초를 조금씩 넣어가며
주걱으로 가르듯이 골고루 섞는다.

11

채 썬 채소와 닭가슴살장조림을 가지런히 얹은 뒤
꼭꼭 누르며 말아 김밥을 만든다.

09

김 위에 배합초를 넣은 밥을 넓게 펴고

12

먹기 좋은 크기로 썰어 그릇에 담는다.

닭가슴살장조림 김밥

우엉의 향이 가득 퍼지는 유부초밥

우엉잡곡 초밥

재료 준비

		무엇	얼마나	특이 사항
주재료	(01)	잡곡밥	1/3공기	
	(02)	유부(초밥용)	4장	끓는 물에 살짝 데쳐 사용.
	(03)	우엉	50g	껍질째 깨끗이 씻는다.
	(04)	호박·당근	1/6개씩	
	(05)	소금	약간	생략 가능.
우엉채조림 양념	(06)	간장·올리고당·청주	1작은술씩	
	(07)	다진 마늘	1/4작은술	
	(08)	물	2작은술	

유부는 두부를 튀긴 것으로 칼로리가 다소 높습니다. 유부 속에 잡곡밥과 다양한 채소를 조리해 넣어보세요.

요 리 하 기 (준비 조리)

01 우엉은 길이 방향으로 연필 깎듯이 얇게 깎은 뒤

04 조림 양념 재료를 모두 넣어 고루 섞어가며 조린 뒤

02 찬물에 담근다.

05 꺼내 펼쳐 식힌다.

03 팬에 물을 살짝 두르고 우엉채를 볶다가

06 ⑤의 우엉채조림을 잘게 다진다.

🍳 요리 팁

우엉을 볶을 때 물을 2큰술 정도 넣고 볶으면 잘 익어요.

07 호박도 잘게 다지고

10 호박을 넣어 볶으며 소금으로 간한다.

08 당근도 잘게 다진다.

11 볼에 잡곡밥과 ⑥의 우엉채조림, 호박·당근 다진 것을 넣어 고루 섞는다.

09 포도씨유를 살짝 두른 팬에 당근을 먼저 볶다가

12 유부에 밥을 꾹꾹 눌러 담아 그릇에 담아낸다.

우엉잡곡 초밥

익숙한 불고기 맛 샌드위치

불고기 샌드위치

494
kcal

10
분 요리

🛒 재료 준비

		무엇	얼마나	특이 사항
주재료	(01)	호밀식빵	2개	
	(02)	쇠고기	70g	불고기용
	(03)	양상추 잎	1장	
	(04)	양파(작은 것)	1/6개	상큼함을 더해준다.
	(05)	오이피클	1/2개	저민다.
	(06)	홀그레인 머스터드	1작은술	
쇠고기 양념	(07)	다진 파·다진 마늘·간장	1/2작은술씩	
	(08)	청주·깨소금·참기름	1/4작은술씩	깨소금은 볶은 아마시드로 대체 가능.
	(09)	매실청	1작은술	
	(10)	후춧가루	약간	

버섯을 고기와 함께 볶아 활용하면 염분을 줄일 수 있습니다.

요 리 하 기 (● 준비 ● 조리)

01 쇠고기는 종이타월에 감싸 눌러 핏물을 뺀 뒤

04 물기를 빼고 종이타월로 감싸 눌러 편평하게 만든 뒤 손으로 뜯는다.

02 쇠고기 양념을 넣어 고루 버무려 재운다.

05 양파는 곱게 채 썬다.

03 양상추 잎은 찬물에 담갔다가

06 프라이팬에 양념한 쇠고기를 올려

물기가 없어질 때까지 노릇하게 굽는다.

빵 한 개에 양상추 잎, 불고기,

두 개의 호밀식빵 모두 한쪽 면이 바닥에 닿도록
그릴 팬에 올려 노릇하게 굽는다.

양파, 오이피클 순으로 올리고

두 개의 호밀식빵 모두 한쪽 면에 홀그레인머스터드를
1/2작은술씩 펴 바른다.

나머지 빵으로 덮는다.

담백한 로스트비프와 신선한 채소가 어우러진 샌드위치

로스트비프 샌드위치

🛒 재료 준비

		무엇	얼마나	특이 사항
주재료	(01)	잡곡식빵	2개	
	(02)	로스트비프(얇게 저민 것)	4장(약 100g)	안심을 삶아 사용해도 된다.
	(03)	양파·피망	1/4개씩	
	(04)	오이피클	1개	없으면 생략하거나, 고추피클로 대체 가능.
	(05)	꽃상추	2장	
	(06)	양상추 잎	1장	
	(07)	홀그레인 머스터드	1작은술	

로스트비프는 쇠고기 안심을 소금과 후춧가루로 간단하게 간해 통째로 구워낸 요리입니다. 겉은 바삭하고 속은 부드럽습니다.

요리하기 (🔵 준비 🔵 조리)

01 양파는 모양을 살려 동그랗게 저며 썰어

02 찬물에 잠시 담가 아린 맛을 뺀 뒤 물기를 제거한다.

03 피망은 모양을 살려 썰고

04 오이피클은 길이 방향으로 저민다.

05 꽃상추와 양상추 잎은 찬물에 담갔다가

06 건져 먹기 좋게 뜯은 다음 종이타월에 올려 감싼 뒤 꾹 눌러 편평하게 만들며 물기를 뺀다.

07 식빵은 두 장 모두 기름을 두르지 않은 그릴 팬에 올려 앞뒤로 노릇하게 굽는다.

10 양파, 피망, 로스트비프를 차례로 쌓는다.

08 두 개의 빵 모두 한쪽 면에 홀그레인머스터드를 1/2작은술씩 펴 바른다.

11 그 위에 꽃상추를 올리고

09 빵 하나에 양상추 잎과 오이피클,

12 나머지 빵으로 덮는다.

로스트비프 샌드위치

견과류의 고소함과 씹히는 식감이 멸치와 잘 어우러지는 주먹밥

멸치견과류 주먹밥

500 kcal

15 분 요리

🛒 재 료 준 비

		무엇	얼마나	특이 사항
주재료	(01)	현미퀴노아밥	1/3공기	
	(02)	잔멸치	20g	
	(03)	견과류	40g	볶은 것.
멸치견과류볶음 양념	(04)	고추장	1작은술	
	(05)	간장·다진 마늘	1/4작은술씩	
	(06)	꿀·청주	1/4작은술씩	
	(07)	깨소금·참기름	1/4작은술씩	

다양한 견과류를 주먹밥에 활용해 포만감과 영양을 모두 잡으세요.

요 리 하 기 (● 준비 ◐ 조리)

01 잔멸치는 체에 흔들어

02 부스러기를 턴다.

03 견과류는 비닐 팩에 넣어 칼등으로 두들겨 잘게 다진다.

04 분량의 재료를 섞어 멸치견과류볶음 양념을 만든다.

05 마른 팬에 잔멸치와

06 다진 견과류를 넣어

 다이어트 팁

달걀을 추가로 섭취하면 단백질을 보충할 수 있습니다.

요리 팁

멸치는 간을 하지 않아도 그 자체로 염분이 많은 재료입니다. 멸치의 짠맛을 줄이고 싶다면 멸치를 찬물에 담가 10분 간격으로 두어 번 물을 갈아 염분을 제거하세요.

07 볶다가

10 현미퀴노아밥을 넣어

08 불을 끄고 ④의 볶음 양념을 넣어 버무린다.

11 고루 섞이도록 가볍게 버무린다.

09 완성된 멸치견과류볶음을 볼에 옮겨 담고

12 랩을 적당한 크기로 잘라 손 위에 얹고 다른 한 손으로 밥을 쥐어 랩 위에 올린 뒤 랩을 꽁꽁 싸 밥을 뭉친다.

멸치견과류 주먹밥

PART
04

바쁘다고 굶지 마세요!
저칼로리 한 그릇 요리

바쁜 일상 속에서도 식사다운 식사를 하고 싶은 사람들을 위한 레시피! '저염·저지방·저칼로리'를 목표로 건강한 탄수화물 식품과 저지방 단백질 식품 그리고 소화 흡수율을 높여주는 채소를 한 그릇에 담았습니다.   몸에 좋은 현미와 다양한 잡곡으로 지은 밥에, 지방이 적은 양질의 단백질 식품, 그에 어울리는 채소를 활용한 일품요리를 만들어보세요.   이번 파트에서 소개하는 간편하고 맛있는 조리 방법을 활용하면 다양한 영양소가 함유된 훌륭한 한 끼 다이어트 식사가 가능해집니다.   다이어트 식단은 맛이 없다고요? 저염·저지방·저칼로리 한 그릇 요리에 샐러드나 채소 초절임을 곁들여보세요. 맛이 좋을 뿐 아니라 소화 흡수율도 높고 하루에 필요한 식이섬유도 충분히 섭취할 수 있습니다.

다이어트 조리법 POINT!

· 식이섬유와 식물 영양소 섭취를 위해 다양한 채소를 활용했습니다.

· 튀김, 볶음보다 삶거나 굽는 조리법으로 기름 사용량을 줄였습니다.

· 염분과 당분 함량이 높은 소스의 양은 줄이고 재료 본연의 맛을 살리는 조리법을 사용했습니다.

· 베이스가 되는 밥은 혈당지수(GI)를 고려해 현미나 잡곡을 사용했습니다.

깐쇼새우와 같은 요리를 먹는 느낌

새우파프리카 덮밥

345
kcal

10
분 요리

🛒 재 료 준 비

		무엇	얼마나	특이 사항
덮밥	(01)	현미밥	1/2공기	
	(02)	칵테일 새우	10개	중하 크기.
	(03)	양송이버섯	2개	
	(04)	초록·빨강 파프리카	1/6개씩	식감을 더해준다.
	(05)	양파	1/8개	
	(06)	청주·레몬즙	1작은술씩	
	(07)	소금·후춧가루·깨소금	약간씩	
양념	(08)	토마토 페이스트	2작은술	케첩으로 대체 가능.
	(09)	꿀	1/2작은술	
	(10)	굴소스·간장·고추장	1/4작은술씩	
	(11)	청주	1큰술	
	(12)	참기름	약간	

파프리카에 함유된 베타카로틴은 기름에 볶아 먹을 때 흡수가 더 잘되는 영양소입니다. 다양한 색으로 요리의 멋을 살려주는 파프리카로 맛있는 아침을 만들어보세요.

요리하기 (● 준비 ● 조리)

01 새우는 청주·레몬즙과 후춧가루를 뿌려

02 고루 버무려 재운다.

03 새우를 체에 받쳐 물기를 뺀다.

04 양송이는 6등분한다.

05 반 갈라 씨를 제거한 파프리카와 양파는 사방 1.5cm 크기로 썬다.

06 분량의 덮밥 양념 재료를 모두 섞는다.

새우는 밑간 재료로 잠시 재우면 비린 향을 잡으면서 부
드럽고 탱글한 식감을 줍니다.

07 팬에 물을 살짝 두르고

10 양송이도 넣어 볶는다.

08 파프리카와 양파를 넣어 볶다가

11 새우가 거의 익으면 ⑥의 덮밥 양념을 넣어
고루 섞어가며 볶은 뒤 살짝 조린다.

09 ③의 새우를 넣고

12 밥 위에 새우파프리카볶음을 올리고
깨소금을 뿌려 낸다.

된장 향과 돼지고기의 고소함이 잘 어우러지는 덮밥

돼지고기콩나물밥

369
kcal

30
분 요리

🛒 재 료 준 비　*2회 제공 분량, 칼로리는 1회 제공 기준

		무엇	얼마나	특이 사항
밥	(01)	불린 율무	1/4컵	전날 불려 냉장고에 넣어둔다.
	(02)	불린 쌀	1/4컵	
	(03)	돼지고기(안심)	100g	또는 잡채용.
	(04)	콩나물	100g	
	(05)	부추	1/2줌	많이 넣어도 된다.
	(06)	양파	1/6개	
	(07)	멸치육수	1/2컵	감칠맛을 더해준다.
돼지고기 양념	(08)	된장·맛술	1작은술씩	
	(09)	소금·후춧가루	약간씩	
양념장	(10)	간장	2작은술	
	(11)	고춧가루·매실청	1작은술씩	
	(12)	다진 마늘	1/3작은술	
	(13)	깨소금	약간	없어도 된다.

같은 레시피라도 재료에
조금만 신경 쓰면 건강한
한 끼 식사가 됩니다.
콩나물밥에 돼지고기를
넣어 간단하면서 든든한
식사를 만들어보세요.

요 리 하 기 (● 준비 ● 조리)

01 불린 쌀과 율무는 체에 밭쳐 물기를 뺀다.

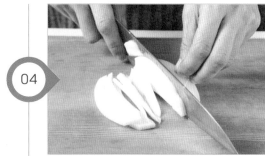

04 양파는 채 썬다.

02 돼지고기는 굵게 채 썬다.

05 콩나물은 꼬리를 다듬고 씻어 체에 밭쳐 물기를 뺀다.

03 ②의 돼지고기에 분량의 돼지고기 양념을 넣어 버무려 재운다.

06 부추는 다듬어 씻어 4cm 길이로 썬다.

1. 돼지고기와 부추를 함께 섭취하면 비타민 B₁의 흡수를 도와 탄수화물의 에너지 변환을 촉진하므로 다이어트에 도움이 됩니다.

2. 율무는 다이어트에 효과적인 식품이지만 임신 중이거나 임신을 준비하는 여성은 섭취하지 않는 것이 좋습니다. 임신부는 현미로 대체해 섭취하세요.

07 볼에 분량의 양념장 재료를 모두 넣고 섞어 양념장을 만든다.

10 콩나물을 올린 뒤 멸치육수를 부어 뚜껑을 덮고 센 불에서 끓인다.

08 작은 냄비에 불린 쌀과 율무를 붓는다.

11 끓어오르면 약한 불로 줄여 12분간 익힌 뒤 쌀이 거의 익으면 불을 끄고 뚜껑을 덮은 채 10분간 뜸을 들인다.

09 ③의 돼지고기와 양파채를 올리고

12 부추를 듬뿍 올린 뒤 양념장을 곁들여 낸다.

채소의 씹히는 맛이 좋은 덮밥

쇠고기가지 덮밥

재료 준비

		무엇	얼마나	특이 사항
덮밥	(01)	현미밥	1/2공기	
	(02)	쇠고기(우둔살)	70g	다진다.
	(03)	가지	1/2개	
	(04)	붉은 고추	1/2개	
	(05)	쪽파	2뿌리	없으면 대파로 대체 가능.
	(06)	애호박	1/3개	
	(07)	물	2큰술	
	(08)	포도씨유	적당량	물로 대체 가능.
쇠고기 양념	(09)	간장·다진 파·다진 마늘 1/2작은술씩		
	(10)	꿀	1/3작은술	
	(11)	소금·후춧가루	약간씩	
덮밥 양념	(12)	간장·꿀·다진 마늘	1작은술씩	
	(13)	참기름	1/2큰술	

다이어트한다고 고기를 멀리하지 마세요. 쇠고기는 양질의 단백질이 들어 있어 다이어트에 꼭 필요한 식품입니다. 단, 칼로리가 높아지지 않게 채소와 함께 조리하면 맛과 영양, 두 마리 토끼를 잡을 수 있습니다.

요리하기 (● 준비 ● 조리)

01

가지는 길이로 반 가른 뒤 얇게 어슷썰기하고
애호박은 반달 모양으로 얇게 썬다.

02

쪽파는 3cm 길이로 썬다.

03

붉은 고추는 반 갈라 씨를 털어내고

04

3cm 길이로 채 썬다.

05

쇠고기는 종이타월에 감싸 눌러 핏물을 빼고

06

쇠고기 양념을 넣어 고루 버무려 재운다.

1. 간간한 맛을 선호한다면 덮밥 양념을 추가해 조리하고, 저염식을 하거나 엄격하게 칼로리를 제한하고 싶다면 조리할 때 양념을 빼고 채소 초절임 또는 생채소 샐러드를 곁들여 드세요.

2. 단백질 섭취량을 늘리고 싶다면 두부나 달걀을 추가해 조리하세요.

07

포도씨유(또는 물)를 두른 팬에
양념한 고기를 넣어 볶는다.

10

물 2큰술을 두른다.

08

쇠고기가 익으면 가지와 애호박을 넣어 볶은 뒤

11

여기에 쪽파, 고추채를 넣고
센 불에서 볶아 불에서 내린다.

09

분량의 덮밥 양념을 넣어 볶다가

12

밥 위에 올려 낸다.

쇠고기가지덮밥

냉이 향이 은은하게 밴 볶음밥
새우냉이브로콜리 볶음밥

407
kcal

10
분 요리

🛒 재료 준비

		무엇	얼마나	특이 사항
볶음밥	(01)	현미밥	1/2공기	
	(02)	칵테일 새우	10마리	없으면 생략 가능.
	(03)	냉이	2줌(약 30g)	달래, 청경채, 알배추, 또는 뿌리채소로 대체 가능.
	(04)	브로콜리	1/2송이	밑동도 사용.
	(05)	대파(흰 부분)	1/2대	많이 사용해도 좋다.
	(06)	굴소스	1작은술	
새우 밑간	(07)	맛술	1큰술	
	(08)	다진 마늘	1/2작은술	
	(09)	참기름·소금·후춧가루	약간씩	

저지방 고단백 식품인
새우와 슈퍼푸드로
각광받고 있는 브로콜리로
볶음밥을 만들어보세요.

요 리 하 기 (● 준비 ● 조리)

01

새우는 손질해 끓는 물에 살짝 데쳐
먹기 좋은 크기로 썬다.

04

브로콜리는 밑동을 자르고 송이를 떼어내 끓는 물에 소금
1작은술을 넣고 30초간 데친 뒤 찬물에 헹궈 물기를 뺀다.

02

분량의 밑간 재료를 새우에 넣어 버무린 뒤
실온에 3~5분 정도 두었다가

05

④의 브로콜리는 한입 크기로 썰고
잘라낸 밑동은 잘게 다진다.

03

체에 밭쳐 물기를 뺀다.

06

대파는 얇게 송송 썬다.

새우는 콜레스테롤이 다소 들어 있지만 육류보다 포화지방이 적어 다이어트하는 사람에게 추천하는 저지방 고단백 식품입니다.

요리 팁

⑫번 과정에서 불을 끄고 참기름을 넣은 후 한 번 더 섞어 그릇에 담아 냅니다.

07 냉이는 다듬어 깨끗이 씻고 잔뿌리 부분은 자른다. 굵은 뿌리는 먹기 좋은 크기로 자르고 큰 잎도 반으로 가른다.

10 밥을 넣고 살살 풀며 볶는다.

08 달군 팬에 물을 살짝 두르고 ③의 밑간한 새우를 넣고 볶는다.

11 굴소스를 넣고 잘 섞어가며 볶다가

09 새우가 거의 익으면 송송 썬 대파를 넣고 볶다가 파 향이 올라오면 데친 브로콜리와 다진 브로콜리 밑동을 넣어 볶는다.

12 마지막으로 손질한 냉이와 소금을 넣고 밥을 풀어가며 재빨리 볶아 마무리한다.

버터와 마늘의 풍미가 입맛을 돋우는 덮밥

쇠고기마늘구이 덮밥

409 kcal

15 분 요리

🛒 재료 준비

		무엇	얼마나	특이 사항
덮밥	(01)	현미밥	1/2공기	
	(02)	쇠고기(채끝)	100g	기름 제거 후 사용. 안심이나 등심으로 내세 가능.
	(03)	마늘	1쪽	
	(04)	새송이버섯	1개	
	(05)	양파	1/6개	
	(06)	양상추 잎	3장	
	(07)	버터	1작은술	저지방·무연 버터 사용.
	(08)	소금·후춧가루·올리브유	약간씩	올리브유는 물로 대체 가능.
양념	(09)	물	1큰술	
	(10)	진간장	1작은술	
	(11)	꿀	1/2작은술	
	(12)	생강즙	약간	

마늘은 생으로 먹는 것보다 구워 먹으면 영양분이 훨씬 잘 흡수된다는 사실 알고 있나요? 마늘은 미국 국립암연구소에서 선정한 항암 식품으로 암 예방에 효과적인 것으로 알려져 있습니다.

요리하기 (● 준비 ● 조리)

01

반으로 가른 새송이버섯과 마늘은 편으로 썰고
양파는 얇게 채 썬다. 양상추 잎은 2cm 폭으로 썬다.

02

덮밥 양념 재료를 한데 고루 섞는다.

03

쇠고기는 지방 부위를 제거하고 편으로 썬다.

04

팬에 올리브유(또는 물)를 두르고
양파채와 버섯을 넣어 볶는다.

05

버섯의 숨이 살짝 죽으면 양상추 잎을 넣고
소금을 뿌려 후루룩 볶는다.

06

양상추 잎의 숨이 살짝 죽으면
바로 넓은 접시에 펼쳐 담아 식힌다.

올리브유 대신 물로 조리하면 칼로리를 낮출 수 있습니다.

07

팬에 올리브유(또는 물)를 두르고 마늘을 볶는다.

10

소스가 끓어오르면 쇠고기를 넣어
소스가 고루 어우러지도록 살짝 끓인다.

08

마늘 향이 나면 ③의 쇠고기를 넣고 후춧가루를 뿌린 뒤
센 불에서 색이 나도록 굽는다.

11

버터를 넣고 후춧가루를 뿌려 가볍게 섞는다.

09

쇠고기를 구운 팬을 기울여
②의 덮밥 양념을 넣고 끓인다.

12

밥 위에 볶은 채소와 쇠고기를 얹고
남은 소스를 살짝 뿌려 낸다.

보리매생이굴죽

426
kcal

30
분 요리

🛒 재 료 준 비

		무엇	얼마나	특이 사항
죽	(01)	불린 찰보리	1/3컵	
	(02)	물	2와 1/2컵	
	(03)	국간장	약간	
	(04)	매생이	40g	제철에 구입해 냉동 후 사용한다.
	(05)	굴	50g	다른 조갯살로 대체 가능.
	(06)	참기름	1큰술	들기름도 좋다.

매생이는 저칼로리 식품으로 식이섬유가 풍부해 다이어트하는 사람에게 권장하는 식품이며, 몸속 노폐물을 배출하는 효과가 있어 성인병 예방에 도움이 됩니다.

요 리 하 기 (● 준비 ● 조리)

01 매생이는 찬물에 2~3회 헹군 뒤

02 체에 밭쳐 물기를 뺀다.

03 볼에 엷은 소금물을 만들어

04 굴을 흔들어 씻어

05 체에 밭쳐 물기를 뺀다.

06 냄비에 참기름을 두르고

🧑‍🍳 요리 팁

1. 매생이는 아주 고운 체에 받쳐야 흘러내리지 않아요.
2. 굴은 소금물에 흔들어 씻어야 굴의 간이 빠지지 않습
니다. 3. 물이 모자란 듯싶으면 ⑩번 과정에서 추가하
세요.

07 불린 찰보리를 넣어

10 10분 정도 끓여 전체적으로 찰보리가 퍼지며 물이
줄어들면 나머지 물을 부어 눋지 않도록 저어가며 끓인다.

08 볶는다.

11 15분 후 찰보리가 거의 퍼지면 굴과

09 찰보리에 참기름이 고루 배면 물 1컵을 붓고 끓이다가
2분이 지나면 중간 불로 줄인다.

12 매생이를 넣고 2분가량 더 끓인 뒤 불을 끈다.
국간장으로 간을 맞춰 먹는다.

부추 향이 입맛을 돋우는 닭죽

현미부추닭죽

429
kcal

30
분 요리

🛒 재 료 준 비

		무엇	얼마나	특이 사항
죽	(01)	불린 현미	1/4컵	전날 불려둔다.
	(02)	불린 찹쌀	1/4컵	1시간만 불린다.
	(03)	닭가슴살	1개	삶은 것으로 준비.
	(04)	양파·당근	약 20g씩	
	(05)	부추	4줄기	파, 냉이 등으로 대체 가능.
	(06)	다진 마늘·소금	1작은술씩	
	(07)	물	2와 1/2컵	

죽을 만들 때 찹쌀과
현미를 함께 사용해보세요.
찹쌀은 부드러운 식감을
내고 현미는 영양이 풍부해
맛과 영양의 밸런스를 맞출
수 있습니다.

요 리 하 기 (준비 조리)

 다이어트 팁

1. 음식을 살짝 식힌 후 먹기 직전에 간을 맞추세요. 음식이 너무 뜨거울 때 간을 하면 조금 더 짜게 조리될 수 있습니다.

01 양파는 곱게 다진다.

02 당근은 곱게 채 썰어 잘게 다진다.

03 부추는 송송 썬다.

04 삶은 닭가슴살은 체에 밭쳐 국물을 뺀다.

05 냄비에 불린 현미를 넣고

06 불린 찹쌀을 넣은 후

Part 4. 바쁘다고 굶지 마세요! 저칼로리 한 그릇 요리

다이어트 팁

2. 닭가슴살 통조림을 활용한다면 끓는 물에 살짝 데쳐 사용하면 염분을 낮출 수 있습니다. 3. 단백질을 더 섭취하고 싶다면 마지막에 달걀을 풀어 넣으세요.

요리 팁

1. 전날 미리 만들어 다음 날 아침 데워 드세요. 2. 현미는 하루 전날 물에 담가 냉장고에 보관합니다. 찹쌀은 사용하기 1시간 전에 불리세요. 전날 불릴 경우 1시간 동안 불린 뒤 물기를 빼고 냉장고에 보관하세요.

07

물을 부어 센 불에서 끓인다.

10

④의 닭가슴살을 넣어 약한 불에서 한소끔 더 끓인다.

08

끓어오르면 3~4분가량 더 끓이고 중약불에서 냄비 바닥에 눋지 않도록 저어가며 15분 정도 더 끓인다.

11

쌀알이 푹 퍼지면서 걸쭉해지면

09

다진 당근과 양파, 송송 썬 부추, 다진 마늘을 넣고

12

불을 끄고 소금을 넣어 간을 맞춘다.

밑반찬을 덮밥으로 먹는 재미가 쏠쏠

상추돼지고기버섯 덮밥

440 kcal

35 분 요리

🛒 재 료 준 비

		무엇	얼마나	특이 사항
밥	(01)	율무밥	1/3공기	
장조림 주재료	(02)	돼지고기(안심)	100g	
	(03)	표고버섯	2개	
장조림 양념	(04)	맛간장	5큰술	양조간장에 갖은 채소와 과일 등을 넣고 끓여 맛과 향을 더한 간장.
	(05)	국간장	1작은술	
	(06)	올리고당	1큰술	
돼지고기 삶는 물	(07)	물	1컵	
	(08)	양파(작은 것)	1/2개	3~4등분한다.
	(09)	생강	1/2쪽	편으로 썬다.
	(10)	통후추	1/2작은술	
	(11)	청주	1큰술	
	(12)	다시마	1장	감칠맛을 더해준다.

자주 해 먹는
장조림을 덮밥 재료로
이용해보세요. 생채소를
곁들여 먹으면 싸서 않게
즐길 수 있습니다.

👆 다이어트 팁

생채소를 추가로 곁들여 먹으면 채소의 칼륨 성분이 나트륨 흡수를 줄여줍니다.

01

돼지고기는 주먹 반 크기로 썰어 찬물에 30분 정도 담가 핏물을 뺀다. 중간에 물을 두세 번 갈고 기름 덩어리는 뗀다.

02

표고버섯은 4등분한다.

03

냄비에 물을 붓고 불에 올린다.

04

핏물을 뺀 돼지고기를 넣고

05

적당한 크기로 썬 양파와 생강, 통후추를 넣어 끓인다.

06

물이 끓기 시작하면 다시마를 넣고 5분 정도 더 끓인다.

1. 반찬으로 활용되는 장조림은 전날 미리 만드세요.
2. 돼지고기버섯장조림은 두 끼 정도 먹을 분량이므로 반으로 나누어 냉장 보관하세요.

3. 장조림을 진간장만으로 조리면 진간장 특유의 짠맛이 강해지므로 이때 국간장을 넣으면 깊은 감칠맛을 낼 수 있습니다.

07

다시마를 건지고 15분가량 더 끓인다.

10

올리고당을 섞고 1분 더 끓인 뒤 불을 끈다.

08

맛간장과 국간장을 넣고 10분간 더 끓인다.

11

장조림의 돼지고기를 먹기 좋은 크기로 찢는다.

09

②의 표고버섯을 넣고 한소끔 더 끓여
표고버섯을 살짝 익힌다.

12

밥을 그릇에 담고 돼지고기버섯장조림을 올린다.
장조림 국물 1과 1/2큰술을 고루 뿌려 낸다.

상추돼지고기버섯 덮밥

구운 고기 생각날 때 더 당기는 덮밥

돼지고기양파 덮밥

449
kcal

15
분 요리

🛒 재료 준비

		무엇	얼마나	특이 사항
덮밥	(01)	율무밥	1/2공기	
	(02)	돼지고기(목살)	100g	지방이 두꺼운 부분은 잘라낸다.
	(03)	양파	1/2개	
	(04)	부추	10줄기	향을 더해준다. 많이 넣어도 좋다.
돼지고기 양념	(05)	사과·양파	1/12개씩	
	(06)	마늘	1/2쪽	
	(07)	진간장·청주	1큰술씩	
	(08)	꿀	1/2큰술	
	(09)	생강즙	1/4큰술	간 생강에 물을 조금 섞은 뒤 면포에 감싸 짜거나 고운체에 올려 꾹꾹 눌러 즙만 받아 사용한다.
	(10)	참기름	1/4작은술	

양파는 다이어트 식품으로
잘 알려져 있습니다.
콜레스테롤 수치를 낮추는
효과가 있어 육류 요리와
잘 어울리는 채소입니다.

요리하기 (● 준비 ● 조리)

01 양념 재료 중 사과와 양파, 마늘을 갈기 좋은 크기로 썰어 믹서에 넣고 곱게 갈아

02 나머지 양념 재료와 섞는다.

03 돼지고기는 기름 부위를 제거하고

04 ②의 양념으로 버무려 재워 30분 정도 숙성시킨다.

05 양파는 동그란 모양을 살려 얇게 썰고,

06 부추는 4cm 길이로 썬다.

다이어트 팁

양파의 퀘세틴 성분은 항산화 영양소로 체내 활성산소를 제거해줍니다.

요리 팁

돼지고기는 양념에 재워 하루 정도 냉장고에서 숙성시키면 좋습니다. 단, 분량의 양념 재료 중 절반만 사용해야 합니다.

07

팬에 물을 조금 두르고 양파의 숨이 죽지 않도록 살짝 볶는다.

10

돼지고기가 다 익으면 꺼내어

08

다른 팬에 ④의 돼지고기를 넣어

11

먹기 좋게 썬다.

09

뚜껑을 덮고 굽는다.

12

밥을 그릇에 담고 돼지고기구이와 양파, 부추를 소복이 올려 낸다.

버섯의 향과 굴의 풍미가 가득한 한 그릇

보리버섯굴죽

452
kcal

25
분 요리

🛒 재 료 준 비

		무엇	얼마나	특이 사항
죽	(01)	불린 찰보리	1/3컵	
	(02)	물	2컵	
	(03)	굴	50g	홍합살, 바지락살 등으로 대체 가능.
	(04)	표고버섯	1개	향을 더해준다.
	(05)	새송이버섯	1/2개	
	(06)	참기름	1큰술	
	(07)	국간장	약간	

바다의 우유라 불리는 굴!
칼로리와 지방 함량이 적어
다이어트에 안성맞춤인
식품으로 타우린 성분이
많이 들어 있어 콜레스테롤
수치를 낮춰주는 효과도
있습니다.

🧤 요리하기 (◉ 준비 ◉ 조리)

01 볼에 옅은 소금물을 만들어

02 굴을 흔들어 씻은 뒤

03 체에 밭쳐 물기를 뺀다.

04 표고버섯은 채 썰고 새송이버섯은 길게 반 갈라 편으로 썬다.

05 냄비에 참기름 1/2큰술을 두르고

06 불린 찰보리와

다이어트 팁

죽은 일반적으로 젓갈이나 김치와 함께 먹는데 나트륨 섭취량을 조절하기 위해 채소 초절임이나 생채소 샐러드를 곁들여 먹으면 부족한 식이섬유를 보충하고 식감도 살려줍니다.

요리 팁

1. 전날 미리 만드세요. 2. 완성된 요리는 2인분입니다. 절반만 먹고 나머지 절반은 냉동 보관하세요. 3. 굴은 먹기 직전에 넣어 끓이는 것이 좋아요.

07 ④의 버섯을 넣고

10 전체적으로 찰보리가 퍼지며 물이 줄어들면 나머지 물 2컵을 나눠 부으면서 저어가며 끓인다.

08 볶는다.

11 굴에 남은 참기름 1/2큰술을 넣어 버무린다.

09 찰보리에 참기름이 고루 배면 물 1/2컵을 붓고 볶는다.

12 찰보리가 거의 퍼지면 굴을 넣고 한소끔 더 끓인 뒤 불을 끈다. 국간장으로 간을 맞춰 먹는다.

굴리버섯죽

동남아풍 향이 입맛을 사로잡는 볶음밥

닭고기양배추 볶음밥

460 kcal

10 분 요리

🛒 재 료 준 비

		무엇	얼마나	특이 사항
볶음밥	(01)	현미밥	1/2공기	
	(02)	닭가슴살	50g	
	(03)	새우	3마리	
	(04)	달걀	1개	
	(05)	양배추 잎	1장	
	(06)	방울토마토	3개	없으면 생략 가능.
	(07)	대파	1/4대	
	(08)	소금·후춧가루·올리브유	약간씩	올리브유는 물로 대체 가능.
	(09)	쪽파	약간	송송 썬다. 없으면 생략 가능.
	(10)	볶은 땅콩	1/2큰술	다진 것. 없으면 생략 가능.
양념	(11)	마늘	1~2쪽	얇게 저민다.
	(12)	피시소스	1/2작은술	멸치액젓으로 대체 가능.
	(13)	간장·핫소스·양파 간 것	1/2작은술씩	

현미밥과 닭가슴살,
다양한 채소를 활용해
볶음밥을 만들어보세요.
닭가슴살의 퍽퍽한 식감은
줄이면서 간단하고 든든한
한 끼 식사가 마련됩니다.

요리하기 (● 준비 ● 조리)

01 새우는 손질해 끓는 물에 살짝 데쳐
먹기 좋은 크기로 썬다.

02 닭가슴살은 끓는 물에 데쳐

03 먹기 좋은 크기로 찢는다.

04 양배추 잎은 2×3cm 크기로 썰고

05 대파는 다진다.

06 방울토마토는 4등분한다.

다이어트 팁

🍳 요리 팁

1. 쪽파, 볶은 땅콩은 기호에 따라 생략할 수 있습니다.
2. 볶음밥 양념은 맛을 위해 사용하는 재료이므로 저염식을 원하거나 칼로리를 조금이라도 줄이려면 생략하는 것을 권장합니다.

대파를 충분히 볶아 파의 단맛과 풍미를 이끌어내는 게 중요합니다. 이렇게 하면 차원이 다른 맛을 느낄 수 있어요.

07 달군 팬에 올리브유를 두른 뒤 풀어놓은 달걀을 부어 부드러운 스크램블드에그를 만든다.

10 양배추 잎, 새우, 닭가슴살을 넣고 소금, 후춧가루로 간한 뒤 닭가슴살이 익으면 밥을 넣어 볶는다.

08 얇게 저민 마늘과 나머지 볶음밥 양념 재료를 섞는다.

11 밥알이 잘 풀어지면 ⑧의 양념과 스크램블드에그를 넣어 한 번 더 볶는다.

09 달군 팬에 물을 살짝 두르고 다진 대파를 넣고 볶다가

12 접시에 볶음밥을 담고 방울토마토를 올린 뒤 다진 땅콩과 송송 썬 쪽파를 뿌려 낸다.

간 토마토가 풍미를 한결 높여주는 오므라이스

닭고기 오므라이스

474
kcal

15
분 요리

🛒 재료 준비

		무엇	얼마나	특이 사항
오므라이스 (달걀옷 포함)	(01)	현미밥	1/2공기	
	(02)	닭고기(안심)	3조각(약 60g)	
	(03)	달걀	1과 1/2개	
	(04)	저지방 우유	1큰술	없으면 물로 대체 가능.
	(05)	양송이버섯	2개	
	(06)	양파	1/6개	
	(07)	당근	1/6개	없으면 생략 가능.
	(08)	피망	1/2개	
	(09)	소금·후춧가루·포도씨유 약간씩		
양념	(10)	토마토 간 것	1/4컵	
	(11)	토마토케첩	1큰술	당분, 나트륨 줄인 제품 구입.
	(12)	우스터소스	1/2작은술	
	(13)	다진 마늘	1/4작은술	

오므라이스는 재료에
따라 다양한 맛을 낼 수
있습니다. 냉장고에 있는
여러 가지 재료를 활용해
볶은 뒤 달걀옷을 입히면
맛과 영양이 훌륭한 한 끼
식사가 됩니다.

요 리 하 기 (● 준비 ● 조리)

01 피망, 양파, 당근은 모두 다진다.

02 양송이버섯은 사방 1cm 크기로 썬다.

03 닭고기도 사방 1cm 크기로 썬다.

04 팬에 물을 살짝 두르고 ③의 닭고기를 넣어 볶는다. 이때 닭고기가 타지 않도록 물을 조금 더 넣어 볶는다.

05 닭고기가 반쯤 익으면 양파, 당근, 양송이버섯을 넣어 볶다가 소금, 후춧가루로 간을 맞춘다.

06 마지막에 피망을 넣어 가볍게 섞으며 볶는다.

저염식을 하거나 칼로리를 엄격하게 제한하고 싶다면 양념을 넣지 않고 조리하고 토마토케첩을 조금씩 찍어 먹거나 채소 초절임 또는 생채소 샐러드를 곁들여 먹으세요.

달걀옷을 감싸는 것이 어렵다면 달걀을 지단으로 만든 뒤 그릇에 밥을 담고 그 위에 지단을 올려 내도 좋아요.

07

우스터소스, 다진 마늘을 넣어 한 번 더 볶은 뒤,

10

젓가락으로 살짝 휘저어 테두리가 하얘지고 안쪽이 익지 않았을 때 불을 끈다.

08

토마토 간 것과 토마토케첩을 반만 넣고 밥을 넣어 센 불에서 빨리 비벼가며 섞어 밥이 잘 풀어지면 불에서 내린다.

11

밥을 가운데 얹고 달걀 테두리 부분을 안쪽으로 말아 올린다.

09

볼에 달걀과 저지방 우유를 넣어 잘 푼 다음 달군 팬에 포도씨유를 두르고 달걀물을 붓는다.

12

뒤집어 그릇에 담고 취향에 따라 토마토소스(반 남긴 토마토 간 것과 토마토케첩을 섞은 것)를 끼얹어 낸다.

닭고기 오므라이스

아작아작 씹히는 우엉의 식감이 일품

쇠고기우엉 잡채밥

479 kcal

10 분 요리

🛒 재 료 준 비

		무엇	얼마나	특이 사항
잡채밥	(01)	현미밥	1/2공기	
	(02)	쇠고기(안심)	50g	잡채용.
	(03)	우엉	1/3대	껍질째 사용.
	(04)	양파	1/4개	
	(05)	붉은 고추	1개	없으면 생략 가능.
	(06)	대파	1/3대	감칠맛을 더해준다.
	(07)	깨소금	약간	아마시드로 대체 가능.
	(08)	포도씨유	약간	물로 대체 가능.
양념	(09)	간장	1작은술	
	(10)	청주·꿀·다진 마늘	1/3작은술씩	
	(11)	후춧가루	약간	

잡채는 만들기 복잡하고 칼로리마저 높아 꺼려했나요? 다양한 채소를 넣은 잡채밥을 만들어보세요. 특히 당면 대신 우엉으로 잡채를 만들면 칼로리는 낮고 건강에 좋으며 식감도 좋은 잡채밥을 만들 수 있습니다.

🧤 요리하기 （● 준비 ● 조리）

01 쇠고기는 종이타월에 감싸 핏물을 뺀다.

02 우엉은 껍질째 깨끗이 씻어 곱게 채 썬 뒤 찬물에 담가 쓰기 바로 전에 물기를 뺀다. 양파도 곱게 채 썬다.

03 붉은 고추는 세로로 반 갈라 씨를 훑은 뒤 가로로 2등분해 곱게 채 썬다.

04 대파는 얇게 어슷썰기한다.

05 분량의 잡채밥 양념 재료를 모두 섞는다.

06 팬에 포도씨유(또는 물)를 두르고 우엉채를 넣어 볶는다. 이때 물을 약간(1큰술 정도) 넣어 부드럽게 잘 익힌다.

우엉을 물에 담가두면 갈변을 막을 수 있습니다.

07 우엉이 반 이상 익으면 쇠고기를 넣어 살짝 볶는다.

10 쇠고기가 익으면 ⑤의 덮밥 양념을 넣는다.

08 양파채를 넣고

11 고루 섞어가며 볶아 양념이 졸아들면 불을 끄고
대파를 넣어 가볍게 섞는다.

09 고추채도 넣어 가볍게 볶는다.

12 잡채를 밥 위에 얹고 기호에 따라 깨소금을 뿌린다.

닭고기 장조림과 함께 먹는 듯한 덮밥

닭고기버섯 덮밥

486
kcal

8
분 요리

🛒 재료 준비

		무엇	얼마나	특이 사항
덮밥	(01)	현미밥	1/3공기	
	(02)	닭고기(안심)	80g	
	(03)	양송이버섯	2개	
	(04)	새송이버섯	1/2개	
	(05)	꽈리고추	3개	어슷하게 썬다.
	(06)	포도씨유	적당량	
닭고기 밑간	(07)	소금·후춧가루	약간씩	
	(08)	청주	1/2작은술	화이트 와인으로 대체 가능.
양념	(09)	간장·청주·조미술	1작은술씩	
	(10)	생강즙·매실청	1작은술씩	
	(11)	다진 마늘	1작은술	
	(12)	굴소스	1/2작은술	
	(07)	참기름·소금·후춧가루 약간씩		

버섯은 칼로리가 적고
비타민과 무기질이 풍부해
다이어터에게 부족한
영양소를 채워줄 수 있는
영양학적으로 우수한
식품입니다. 다양한
요리에 활용 가능한
버섯으로 맛있는 덮밥을
완성해보세요.

요리하기 (● 준비 ● 조리)

01 닭고기는 반 갈라 먹기 좋게 썬다.

02 밑간을 만든 후 ①의 닭고기에 넣고

03 조물조물 버무려 재운다.

04 양송이버섯은 4등분하고,
새송이버섯은 세로로 길게 편으로 썬다.

05 꽈리고추는 어슷하게 2등분한다.

06 덮밥 양념 재료를 모두 한데 섞는다.

다이어트 팁

저염식을 위해 양념을 넣지 않고 조리했다면 초절임 음식을 곁들여 먹으면 좋습니다.

07

팬에 포도씨유를 두르고 꽈리고추를 넣어 볶다가 소금과 후춧가루로 간을 맞추고 재빨리 볶아 그릇에 담는다.

10

간이 배면 ④의 버섯을 넣어 볶다가

08

같은 팬에 ③의 밑간한 닭고기를 넣어 볶다가

11

⑦의 꽈리고추를 다시 넣어 섞으며 살짝 볶는다.

09

⑥의 양념을 넣어 가볍게 저어가며 볶는다.

12

불에서 내린 뒤 밥 위에 올려 낸다.

쇠고기와 버섯의 환상 궁합

쇠고기버섯죽

490
kcal

30
분 요리

🛒 재 료 준 비

		무엇	얼마나	특이 사항
죽	(01)	불린 찹쌀	1/2컵	1시간만 불린다.
	(02)	물	2와 1/2컵	
	(03)	쇠고기	50g	다진다.
	(04)	표고버섯	1개	감칠맛을 더해준다.
	(05)	국간장	약간	
	(06)	참기름	1큰술	
쇠고기 양념	(07)	맛간장	1/2큰술	
	(08)	다진 마늘·청주	1/2작은술씩	
	(06)	참기름	1/4작은술	

죽 만들기 어렵다고요?
간편하게 만들 수 있는
쇠고기버섯죽 조리법을
소개할게요. 영양 만점
아침 식사가 준비됩니다.

요 리 하 기 (● 준비 ● 조리)

01 표고버섯은 채 썰어 잘게 다진다.

02 다진 쇠고기는 종이타월에 감싸 핏물을 빼고

03 쇠고기 양념을 넣어 무친다.

04 냄비에 참기름을 두르고

05 불린 찹쌀과

06 쇠고기를 넣고 볶다가 고기 표면이 살짝 하얘지면

다이어트 팁

단백질 섭취량을 늘리고 싶다면 조리 과정 마지막에 달걀 하나를 풀어 섭취하세요.

요리 팁

시간이 부족하다면 불린 찹쌀 대신 밥을 활용해 죽을 끓여도 무방합니다.

07 ①의 표고버섯을 넣고

10 10분가량 더 끓여 전체적으로 찹쌀이 퍼지며 물이 줄어들면

08 저어가며 볶는다.

11 나머지 물을 붓고 눌지 않도록 저어가며 끓인다.

09 찹쌀에 참기름이 고루 배면 물 1컵을 붓고 2분가량 끓인 뒤 중간 불로 줄인다.

12 찹쌀이 거의 퍼지면 국간장으로 나머지 간을 맞춰 먹는다.

쇠고기버섯죽

채소가 듬뿍 들어 푸짐한 중화풍 돼지고기 덮밥

돼지고기죽순 덮밥

499
kcal

10
분 요리

🛒 재 료 준 비

		무엇	얼마나	특이 사항
덮밥	(01)	율무밥	1/2공기	
	(02)	돼지고기(안심)	100g	
	(03)	양배추 잎	1장	
	(04)	표고버섯	2개	감칠맛을 더해준다.
	(05)	죽순(통조림)	1/2개	없으면 생략 가능.
	(06)	가지	1/4개	
	(07)	대파	1/3대	
	(08)	포도씨유	약간	
돼지고기 밑간	(09)	청주	2작은술	
	(10)	녹말가루	1작은술	
	(11)	소금·후춧가루	약간씩	
덮밥 양념	(12)	두반장	1큰술	중국 조미료. 독특한 매운맛과 향이 난다.
	(13)	다진 마늘	1/2작은술	
	(14)	매실청	1/2작은술	올리고당으로 대체 가능.
녹말물	(15)	녹말가루·물	1큰술씩	녹말가루와 물을 섞어 만든다.

돈가스를 먹을 때 양배추채가 함께 나오는 까닭은 돼지고기와 양배추가 궁합이 잘 맞기 때문입니다. 두 식품의 궁합을 한 그릇 덮밥으로 즐겨보세요.

요 리 하 기 (⬤ 준비 ⬤ 조리)

01 돼지고기는 4cm 길이로 채 썬다.

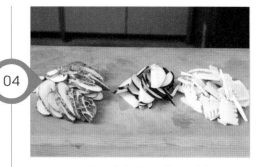

04 표고버섯, 가지, 죽순은 편으로 썬다.

02 채 썬 돼지고기를 종이타월에 감싸 핏물을 빼고

05 양배추 잎은 가늘게 채 썰고 대파는 얇게 어슷썰기한다.

03 분량의 밑간 재료를 모두 넣어 치댄다.

녹말물   덮밥 양념

06 각각의 분량대로 고루 섞어
덮밥 양념과 녹말물을 만든다.

매실청이 없다면 올리고당으로 대체해도 됩니다.

채소를 볶을 때 수분이 너무 부족하면 물을 약간(1작은 술~1큰술) 넣고 볶으세요.

07 팬에 포도씨유 또는 물을 두르고

10 고루 볶아지면 ⑥의 덮밥 양념을 넣어 중간 불에서 볶다가

08 ③의 밑간한 돼지고기를 센 불에서 재빨리 볶는다.

11 간이 고루 잘 배면 녹말물을 빙 둘러 붓고 재빨리 저어가며 걸쭉하게 볶는다.

09 돼지고기가 거의 익으면 죽순, 가지, 양배추, 파, 표고버섯 순으로 넣으며 가볍게 볶는다.

12 율무밥 위에 돼지고기양배추볶음을 올려 낸다.

대지고기죽순덮밥

미리 만들어두는
다이어트 건강 반찬

육아하랴 집안일 하랴, 일 하랴. 너무 바쁜 당신. 다이어트를 위해 내 밥만 따로 하기 힘든 분들을 위해 준비했습니다. ● 반찬 고민도 줄이고 다이어트와 가족의 건강까지 생각한 영양 밸런스 반찬 레시피! ● 한식은 다양한 영양소를 풍부하게 섭취할 수 있어 다이어트에 최적화된 식단입니다. 하지만 장류를 넣은 요리나 국물 요리는 나트륨을 과도하게 섭취하게 합니다. ● 이번 레시피는 나트륨을 줄이는 데 초점을 맞추었습니다. 다이어트 건강 반찬 요리와 잡곡밥 그리고 수가도 수선하는 국과 반산으로 500kcal의 건강한 한 끼 식사를 준비해보세요.

다이어트 조리법 POINT!

· 구하기 쉬운 재료로 조리했습니다.

· 구이와 조림 요리를 할 때 저칼로리·저염 조리법으로 만들었습니다.

· 오븐을 사용해야 하는 요리는 전기밥솥, 프라이팬 등으로 할 수 있는 조리법을 소개했습니다.

· 그스는 지염 그스고 민들었습니다.

· 고민 없이 한 끼 식사를 차릴 수 있도록 반찬과 그에 어울리는 국, 밥을 함께 소개했습니다.

· 기름을 사용하는 요리는 기름의 종류와 사용량에 주의했습니다.

잡곡밥

양파 초절임

오이냉국

모시조개의 맛과 향이 잘 살아 있는 저열량 다이어트 레시피

모시조개찜

\+ 잡곡밥 \+ 오이냉국 \+ 양파 초절임

133
kcal

7
분 요리

🛒 재료 준비

		무엇	얼마나	특이 사항
재료	(01)	모시조개	10~15개(약 250g)	홍합, 바지락으로 대체 가능.
	(02)	홍고추	1개	마른 것.
	(03)	양파	1/6개	단맛을 더한다.
	(04)	마늘	1쪽	잡내를 잡는다.
	(05)	화이트 와인	1/4컵	잡내를 날린다.
	(06)	파슬리가루	약간	
	(07)	소금·후춧가루	약간씩	
	(08)	올리브유	1작은술	

특별한 날 특별한 다이어트 식사를 하고 싶다면 조개 요리를 만들어보세요. 조개는 저지방 고단백질 식품으로 다이어트 요리에 좋은 식재료입니다.

요리하기 (● 준비 ● 조리)

01 모시조개는 옅은 소금물에 담근 뒤

02 은박지나 냄비 뚜껑으로 덮어 반나절 동안 두어 해감한다.

03 마늘은 잘게 다지고

04 양파도 잘게 다진다.

05 마른 홍고추는 가위로 잘게 자른다.

06 팬에 올리브유를 두르고 달구어

🧑‍🍳 요리 팁

모시조개를 빨리 해감하고 싶다면 식초를 넣어 휘저으며 섞는 것을 2~3회 반복한 뒤 흐르는 물에 바락바락 씻으면 됩니다.

마른 홍고추, 다진 마늘과 양파를 넣어

화이트 와인을 붓고

볶는다.

뚜껑을 덮어 중간 불에서 2분가량
모시조개가 입을 벌릴 때까지 익힌다.

매운맛이 올라오면 모시조개를 넣고
센 불에서 잠시 볶는다.

조개찜에 파슬리가루를 뿌리고 그릇에 담아낸다.

모시조개찜

두부호박국

현미밥

양파 초절임

고춧가루를 넣은 진한 양념장이 입맛을 돋우는 무침

오징어 초무침

+ 현미밥 + 두부호박국 + 양파 초절임

226
kcal

7
분 요리

🛒 재료 준비

		무엇	얼마나	특이 사항
주재료	(01)	오징어	1/2마리	손질된 오징어 사용.
	(02)	풋고추	2개	청양고추로 대체 가능.
	(03)	홍고추	1개	
	(04)	물	3큰술	
초무침 양념장	(05)	고추장·식초	1작은술씩	
	(06)	고춧가루	1작은술	매운맛을 더한다.
	(07)	다진 마늘·생강즙·꿀	1/2작은술씩	
	(08)	참기름·깨소금	1/3작은술씩	
	(09)	소금	약간	

오징어는 닭가슴살보다
단백질 함량이 많으면서
타우린, 미네랄 등이
들이 있이 디이이드는
물론 피로 해소에
큰 도움을 주는
식재료입니다.

01 손질한 오징어는 껍질을 벗기고

02 안쪽에 사선으로 잔 칼집을 넣은 뒤

03 1cm 폭으로 길게 썬다.

04 다리는 끝 부분을 잘라 버리고

05 먹기 좋은 크기로 자른다.

06 고추는 반 갈라 씨를 털고

오징어는 다리의 빨판을 여러 번 훑어 거친 부분을 없애야 부드러운 요리를 만들 수 있습니다.

송송 썬다.

찬물에 헹궈 물기를 충분히 뺀다.

분량의 재료를 모두 섞어 초무침 양념장을 만든다.

볼에 데친 오징어와 송송 썬 고추를 담아

냄비에 물 3큰술을 두른 다음 길게 썬 오징어를 넣고 중약불에서 3분간 데친 뒤

먹기 직전에 초무침 양념장을 넣어 버무린다.

오징어 초무침

아스파라거스
초절임

잡곡밥

쇠고기가 큼직큼직하게 들어가 씹는 맛이 좋은 스튜

쇠고기 고추장 스튜

+ 잡곡밥 + 아스파라거스 초절임

249
kcal

20
분 요리

🛒 재 료 준 비

		무엇	얼마나	특이 사항
재료	(01)	감자	1/2개	작은 것은 1개
	(02)	쇠고기(사태)	100g	
	(03)	양파	1/3개	단맛과 감칠맛을 더한다
	(04)	채소 스톡 큐브	1/3개	
	(05)	고추장	2작은술	
	(06)	물	1과 1/3컵	
	(07)	포도씨유	1작은술	

사태는 다른 부위에 비해 지방이 적고 단백질이 풍부합니다. 쇠고기 사태로 뜰깃한 식감의 스튜를 만들어보세요.

요리하기 (● 준비 ● 조리)

01 감자는 껍질을 벗겨 큼직하면서 먹기 좋은 크기로
깍둑썰기한다.

04 표면의 기름막을 제거한 뒤

02 양파도 큼직하게 먹기 좋은 크기로 썬다.

05 감자보다 작은 크기로 깍둑썰기한다.

03 쇠고기는 종이타월에 감싸 핏물을 빼고

06 냄비에 포도씨유를 두르고 달군 뒤

사태는 부드러운 부분으로 고릅니다. 고기 사이사이에 있는 지방을 얼마나 잘 떼어내느냐에 따라 열량이 달라지며 완성했을 때 깔끔한 맛의 정도가 결정됩니다.

07

쇠고기와 감자를 넣어

10

채소 스톡 큐브를 넣고 뚜껑을 덮은 뒤 5분간 끓인다.

08

센 불에서 볶는다.

11

중간 불로 바꾼 뒤 고추장을 넣고 잘 풀어 고루 섞는다.

09

쇠고기 표면이 노릇하게 잘 구워지면 물을 붓고

12

양파를 넣은 뒤 뚜껑을 덮고 바글바글
8분 정도 더 끓인다.

쇠고기 고추장 스튜

콩나물국

렌틸콩밥

쇠고기 안심 스테이크에 한국식 채소 무침을 곁들인 요리

쇠고기 스테이크와 생채 무침

\+ 렌틸콩밥 + 콩나물국

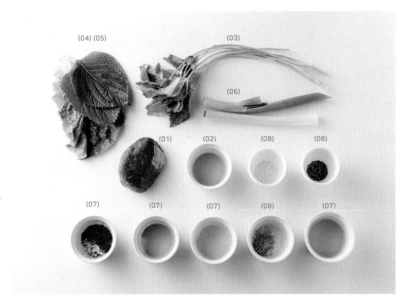

303 kcal

20 분 요리

🛒 재 료 준 비

		무엇	얼마나	특이 사항
스테이크	(01)	쇠고기(안심)	100g	
	(02)	올리브유	1작은술	
생채 무침	(03)	참나물	5줄기	
	(04)	상추	1장	
	(05)	깻잎	2장	
	(06)	대파(중간 크기)	1대	
생채 무침 양념	(07)	고춧가루·꿀·매실청·참기름	1/2작은술씩	
	(08)	소금·후춧가루·깨소금	약간씩	

스테이크를 구울 때는 팬에 기름을 두르는 것보다 고기에 발라 마사지해두면 기름 사용량을 줄일 수 있습니다.

요 리 하 기 (● 준비 ● 조리)

01 올리브유를 쇠고기 앞뒤 양면에 고루 바른 뒤

02 앞뒤 양면에 소금과 후춧가루를 살짝 뿌린다.

03 참나물은 먹기 좋은 크기로 썰고

04 상추와 깻잎은 채 썰어

05 찬물에 담근다.

06 대파는 얇고 길게 어슷썰기해

찬물에 담근다.

분량의 생채 무침 양념 재료를 모두 섞는다.

팬에 쇠고기를 올려 뚜껑을 덮고 센 불에서
한 면당 2~3분간 굽는다.

물기를 충분히 뺀 채소와 파를 볼에 넣어 고루 섞은 뒤

중간중간 불을 조금씩 줄여가며 타지 않도록 한다.
5~6분간 구운 뒤 불을 끄고 뚜껑을 덮은 채로 5~6분간 둔다.

⑩의 생채 무침 양념을 넣어 가볍게 섞는다. 접시에
쇠고기 스테이크를 담고 생채 무침을 곁들인다.

쇠고기 스테이크와 생채 무침

시금치된장국

현미밥

연근 초절임

여러 가지 채소의 맛과 향이 잘 어우러지는 닭고기 조림

닭고기단호박 조림

+ 현미밥 + 시금치된장국 + 연근 조설임

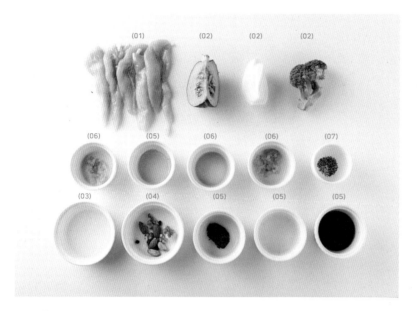

327
kcal

12
분 요리

🛒 재 료 준 비

		무엇	얼마나	특이 사항
주재료	(01)	닭고기(안심)	100g	
	(02)	단호박·양파·브로콜리	1/6개씩	
	(03)	물	4큰술	
	(04)	견과류	약간	다진 것.
양념장	(05)	간장·고추장·맛술·꿀	1작은술씩	
	(06)	다진 파·다진 마늘·생강즙	1/2작은술씩	
	(07)	후춧가루	약간	

단호박에는 비타민 C와 베타카로틴, 식이섬유소가 풍부해 감기 예방과 다이어트에 효과적입니다.

요 리 하 기 (● 준비 ● 조리)

01 닭 안심은 칼등으로 두드려 편 뒤

04 볼에 담아 물 1작은술을 넣고 랩을 씌워
전자레인지에 1분간 돌려 설익힌다.

02 먹기 좋은 크기로 썬다.

05 양파도 단호박과 같은 크기로 썬다.

03 단호박은 씨 부분을 파내고 먹기 좋은 크기로 썬 뒤

06 브로콜리는 작은 송이로 떼어 큰 것은 반으로 가른다.

볼에 양념장 재료를 모두 넣어 고루 섞는다.

냄비에 물 4큰술을 두른 뒤 닭고기를 먼저 넣고
뚜껑을 덮어 익힌다.

닭고기 표면이 하얘지면 브로콜리를 넣고 뚜껑을 덮어
약한 불에서 4~5분가량 익힌다.

닭고기가 다 익으면 양파를 넣고 뚜껑을 덮어
1분간 익히다가

설익힌 단호박과 ⑦의 양념장을 넣어 고루 섞어
센 불로 조린 뒤 불을 끈다.

마지막으로 견과류를 뿌려 낸다.

콩나물국

아스파라거스
초절임

율무밥

동남아풍의 감칠맛이 좋은 요리

닭가슴살채소 볶음

+ 율무밥 + 콩나물국 + 아스파라거스 조설임

343
kcal

10
분 요리

🛒 재 료 준 비

		무엇	얼마나	특이 사항
주재류	(01)	닭가슴살	100g	
	(02)	양배추 잎	2장	
	(03)	양파·파프리카(빨강·노랑)	1/6개씩	
	(04)	태국 고추(마른 것)	1개	매콤함을 더한다. 건고추로 대체 가능.
	(05)	달걀프라이	1개	반숙
	(06)	마늘	1쪽	
	(07)	포도씨유	적당량	
양념장	(08)	맛술	1큰술	
	(09)	꿀	1/2작은술	
	(10)	간장	1/4작은술	감칠맛을 더한다.
	(11)	멸치액젓	1/4작은술	피시소스로 대체 가능.
	(12)	후춧가루	약간	

칼로리는 줄이고 포만감은
높이고! 육류나 가금류로
만드는 반찬에 다양한
채소를 활용해보세요.

요 리 하 기 (● 준비 ● 조리)

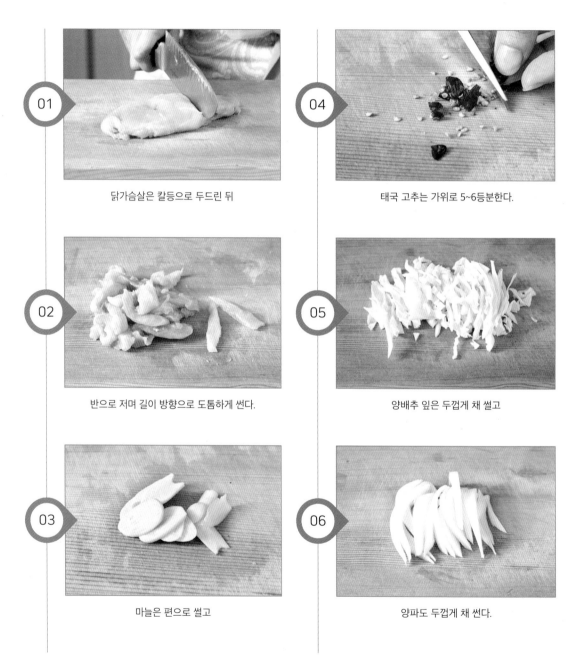

01 닭가슴살은 칼등으로 두드린 뒤

02 반으로 저며 길이 방향으로 도톰하게 썬다.

03 마늘은 편으로 썰고

04 태국 고추는 가위로 5~6등분한다.

05 양배추 잎은 두껍게 채 썰고

06 양파도 두껍게 채 썬다.

07

파프리카도 두껍게 채 썬다.

10

양배추채를 넣어 볶다가 양파채와 파프리카채,
닭가슴살을 넣어 볶는다.

08

양념장 재료를 한데 섞는다.

11

닭가슴살이 익으면 마지막에 ⑧의 양념장을 넣어
후루룩 볶아 그릇에 담는다.

09

팬을 달궈 포도씨유를 살짝 두르고
마늘과 태국 고추를 넣어 센 불에서 볶는다.

12

반숙한 달걀프라이를 한쪽에 얹어 낸다.

닭가슴살채소 볶음

시금치된장국

현미밥

아스파라거스
초절임

깻잎의 향긋함과 참치의 고소함이 찰떡궁합인 요리

참치 깻잎말이 전

+ 현미밥 + 시금치된장국 + 아스파라거스 초절임

347
kcal

12
분 요리

🛒 재료 준비

고기 전이 생각날 때
참치와 다양한 채소를
넣은 전을 만들어보세요.

		무엇	얼마나	특이 사항
재료	(01)	참치(통조림)	1/2캔	1/2kcal 참치, 두부로 대체 가능.
	(02)	피망	1/8개	피프리카, 고춧루 대체 가능.
	(03)	당근·양파	1/12개씩	
	(04)	표고버섯·달걀	1개씩	감칠맛을 더한다.
	(05)	깻잎	5장	
	(06)	소금·후춧가루	약간씩	
	(07)	밀가루	약간	
	(08)	포도씨유	약간	

요 리 하 기 (● 준비 ● 조리)

01

참치는 체에 밭쳐 꾹 눌러 기름을 짜낸 뒤

04

깻잎을 제외한 채소와 표고버섯은 곱게 다진다.

02

끓는 물을 부어 여분의 기름기를 없애고

05

달걀은 잘 풀어 반씩 나눠놓는다.

03

숟가락으로 눌러 물기를 뺀다.

06

③의 참치에 다진 채소와 표고버섯, 달걀물 절반과
후춧가루를 넣어 고루 섞는다.

다이어트 팁

통조림 참치를 사용할 때 끓는 물에 데쳐 사용하면 기름기를 줄일 수 있습니다.

요리 팁

깻잎 안쪽에 밀가루를 묻혀 소를 넣어야 잘 붙어 모양이 흐트러지지 않아요.

07 깻잎은 깨끗이 씻어 물기를 털고

10 깻잎을 감싸 삼각형 모양으로 만든다.

08 깻잎 앞면에 밀가루를 묻힌 뒤 털어낸다.

11 나머지 달걀물에 깻잎말이 전체를 담갔다가 건져

09 ⑥의 참치 반죽을 한 숟가락 떠 깻잎 위에 올린 뒤

12 포도씨유를 두른 팬에 올려 앞뒤로 노릇하게 굽는다.
이때 잘 풀리는 부분을 먼저 바닥 면으로 놓고 부쳐야
풀리지 않고 고정된다.

잡곡밥

시금치된장국

관자의 깊고 풍부한 맛과 향이 오렌지의 상큼함과 잘 어우러지는 요리

오렌지관자 구이

+ 시금치된장국 + 잡곡밥

356
kcal

7
분 요리

🛒 재 료 준 비

		무엇	얼마나	특이 사항
주재료	(01)	오렌지	1개	
	(02)	관자	2개(약 120g)	냉동 관자로 대체 가능.
	(03)	쌈채소	30g	
	(04)	팽이버섯	약간	
	(05)	올리브유	약간	
오렌지 머스터드 드레싱	(06)	오렌지 농축액	1큰술	
	(07)	레몬즙	1작은술	
	(05)	올리브유	2작은술	
	(08)	꿀·디종 머스터드	1/2작은술씩	
	(09)	생강즙·소금·후춧가루	약간씩	
관자 밑간	(10)	올리브유·레몬즙	1작은술씩	
	(09)	소금·후춧가루	약간씩	

어패류는 타우린이라는 아미노산을 함유하고 있어 간의 해독 기능 강화, 혈중 콜레스테롤 감소 등의 효능이 있습니다. 육류에 비해 칼로리가 낮아 다이어트에 도움을 주는 식품입니다.

요리하기 (● 준비 ● 조리)

01

관자는 얇게 편으로 2등분한다.

04

오렌지 머스터드 드레싱 재료를 고루 섞는다.

02

볼에 관자와 밑간 재료를 모두 넣어 버무려
15분간 재운다.

05

이때 올리브유는 조금씩 넣어가며 거품기로 저어
기름이 잘 섞이도록 한다.

03

오렌지는 껍질을 두껍게 벗기고 속살에 칼집을 넣어
과육만 발라낸다.

06

쌈채소는 깨끗이 씻어 물기를 빼고

드레싱을 거품기로 잘 저어 기름이 겉돌지 않고 모든 재료와 섞여 불투명해지도록 합니다.

07 한입 크기로 찢는다.

10 팬에 올리브유를 두르고 관자를 올려
앞뒤로 옅은 갈색이 나도록 굽는다.

08 팽이버섯은 밑동을 자르고 가닥가닥 찢는다.

11 접시에 관자를 담고 쌈채소와 팽이버섯,
오렌지를 곁들인 뒤

09 쌈채소와 팽이버섯을 한데 고루 섞는다.

12 ⑤의 드레싱을 뿌린다.

오렌지관자구이

콩나물국

율무밥

생채소

생채소와 사과 향이 고기의 무거움을 덜어주는 요리

사과채돼지고기 구이

\+ 율무밥 + 생채소 + 콩나물국

364
kcal

7
분 요리

🛒 재 료 준 비

		무엇	얼마나	특이 사항
주재료	(01)	돼지고기	100g	2cm 두께의 안심.
	(02)	양파	1/3개	
	(03)	사과	1/2개	작은 것.
돼지고기 양념장	(04)	간장·꿀·맛술	1작은술씩	
	(05)	두반장	1작은술	감칠맛을 더한다.
	(06)	매실청	1/3작은술	'식초+꿀' 또는 레몬청으로 대체 가능.
	(07)	생강즙	1/3작은술	잡내를 잡는다.
	(08)	물	1과 1/2큰술	

지방 함량이 가장 적은 부위인 안심을 사용하면 칼로리와 포화지방의 섭취를 줄일 수 있습니다.

요 리 하 기 (● 준비 ● 조리)

01 돼지고기는 종이타월에 감싸 핏물을 빼고

02 1cm 두께가 되도록 반으로 저민다.

03 양파는 곱게 채 썰어

04 찬물에 담가 아린 맛을 뺀 뒤

05 물기를 제거한다.

06 사과는 껍질째 깨끗이 씻은 뒤 곱게 채 썰어

갈변을 막기 위해 물에 담가두었다가
종이타월에 감싸 물기를 뺀다.

분량의 재료를 모두 넣어 고루 섞어 양념장을 만든다.

돼지고기에 양념장을 넣어 버무려 20분간 재운다.

팬에 물을 두르고 돼지고기를 올려 뚜껑을 덮고 앞뒤로 노릇하게
굽는다. 윤기가 흐르고 양념이 거의 조려지면 불을 끈다.

돼지고기를 먹기 좋은 크기로 썰어

접시에 담고 한쪽에 사과채와 양파채를 곁들여 낸다.

사과채돼지고기 구이

콩나물국

쌈채소

잡곡밥

양파가 듬뿍 들어가 단맛이 제대로 우러나는 제육볶음

돼지고기양파 볶음

+ 잡곡밥 + 쌈채소 + 콩나물국

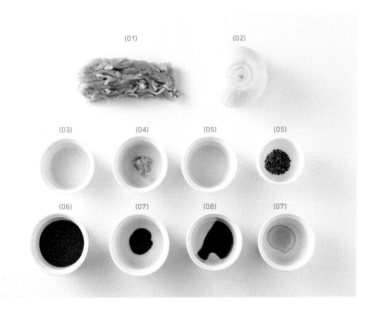

376 kcal

7 분 요리

🛒 재료 준비

		무엇	얼마나	특이 사항
주재료	(01)	돼지고기	100g	잡채용.
	(02)	양파	1개(약 150g)	
	(03)	청주	1큰술	잡내를 잡는다.
	(04)	다진 마늘	1/2작은술	깔끔한 맛을 더해준다.
	(05)	포도씨유·후춧가루	약간씩	
양념장	(06)	고춧가루	2작은술	색을 곱게 내고 매운맛을 더한다.
	(07)	고추장·꿀	1작은술씩	
	(08)	간장	1/2작은술	

칼륨을 많이 함유한 쌈채소를 곁들여 먹으면 칼륨이 나트륨을 몸 밖으로 배출하는 역할을 하므로 맛과 함께 건강도 챙길 수 있습니다.

요 리 하 기 (● 준비 ● 조리)

01 돼지고기는 종이타월에 감싸 핏물을 뺀 뒤

02 볼에 넣어 청주, 다진 마늘,

03 후춧가루를 넣어

04 치댄 다음 10분 정도 두어 밑간이 배게 한다.

05 양파는 채 썬다.

06 밑간한 돼지고기에 재료를 모두 섞어 만든
양념장을 넣어

양파가 너무 숨이 죽지 않을 정도로 살짝 볶는 것이 포인트. 그래야 푸짐해 보이면서 아삭한 식감이 더해져 먹는 재미를 줄 수 있습니다.

07 버무린 뒤

08 채 썬 양파를 넣어 한 번 더 가볍게 버무린다.

09 팬에 포도씨유를 살짝 두르고

10 ⑧의 돼지고기를 볶다가

11 고기 표면이 하얘지면 3~4분간 더 볶아 불에서 내린다.

12 접시에 담아내고 쌈채소를 곁들여 먹는다.

돼지고기양파 볶음

렌틸콩밥

콩나물국

아스파라거스
초절임

알싸한 드레싱을 뿌린 채소 무침과 잘 어울리는 참치 구이

참치 타다키 구이

+ 렌틸콩밥 + 콩나물국 + 아스파라거스 조질임

377
kcal

10
분 요리

🛒 재 료 준 비

		무엇	얼마나	특이 사항
주재료	(01)	참치(냉동)	2/3덩어리(약 180g)	생참치 가능.
	(02)	양파	1/4개	
	(03)	무순	적당량	없으면 생략 가능.
	(04)	후춧가루	1/4작은술	
	(05)	소금	약간씩	
드레싱	(06)	고추냉이·겨자	1작은술씩	
	(07)	홀그레인머스터드	1작은술	
	(08)	간장·참기름	1작은술씩	
	(09)	꿀	1작은술	
	(10)	식초	2큰술	

참치는 고단백·
저지방·저칼로리
식품입니다. 특히
참치의 불포화지방산은
체내에 축적되지 않으며
콜레스테롤을 분해하고
배출시키는 것을
도와줍니다.

01 하루 정도 냉장고에 두어 해동한 냉동 참치 표면에 소금과 후춧가루를 골고루 뿌려 10분 정도 재운다.

02 양파는 곱게 채 썰어

03 무순과 함께 찬물에 담근다.

04 볼에 드레싱 재료를 모두 넣어 고루 섞는다.

05 달군 팬에 물을 살짝 두르고 4면의 참치 겉면을 돌려가며 30~40초 정도씩 구운 뒤

06 얼음물에 30초가량 담가 충분히 식혀

요리 팁

참치 겉면을 구운 뒤 재빨리 얼음물에 담가 열기를 충분히 빼야 생참치의 쫄깃하고 신선한 식감과 고소하게 구운 맛이 잘 어우러집니다.

07
물기를 뺀다.

10
양파와 무순의 물기를 제거해

08
참치를 먹기 좋은 두께로 편으로 썬다.

11
참치 옆에 올린다.

09
참치를 접시에 올리고

12
참치와 양파, 무순에 드레싱을 고루 뿌려 낸다. 먹을 때는 참치에 양파와 무순을 올려 감싸 먹는다.

양파 초절임

퀴노아밥

우엉과 표고버섯에서 깊은 맛이 우러나는 국물 요리

우엉 불고기 나베

\+ 퀴노아밥 + 양파 초절임

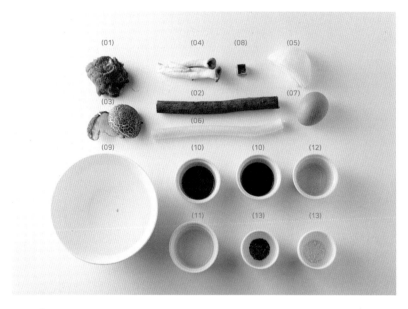

394
kcal

10
분 요리

🛒 재 료 준 비

쇠고기 요리에 버섯과
우엉을 활용하면 맛은
더하고 칼로리는 줄이는
효과를 얻을 수 있습니다.

		무엇	얼마나	특이 사항
재료	(01)	쇠고기	70g	불고깃감.
	(02)	우엉	1/4대(약 50g)	
	(03)	표고버섯	1과 1/2개	
	(04)	느타리버섯	3개	없으면 생략 가능.
	(05)	양파	1/4개	
	(06)	대파	1/2대	
	(07)	달걀	1개	
나베 국물	(08)	쇠고기 스톡 큐브	1개	다시마 우린 물로 대체 가능.
	(09)	따뜻한 물	1과 1/2컵	
	(10)	맛간장·국간장	1작은술씩	
	(11)	맛술	1큰술	
	(12)	꿀	1/2작은술	
	(13)	소금·후춧가루	약간씩	

요리하기 (● 준비 ● 조리)

01 우엉은 껍질째 깨끗이 씻어 곱게 채 썬 뒤

04 양파는 채 썰고 대파는 얇게 어슷썰기한다.

02 찬물에 담가 갈변을 막는다.

05 따뜻한 물에 쇠고기 스톡을 넣어 녹인 뒤

03 표고버섯은 편으로 썰고 느타리버섯은
길이 방향으로 찢는다.

06 나머지 나베 국물 재료를 모두 넣어 고루 섞는다.

🔥 요리 팁

조리 중에 쇠고기를 데쳐야 국물에 고기 맛이 우러나 감
칠맛이 풍부해집니다. 단, 고기가 질겨질 수 있으니 건
져두었다가 마지막에 올려 한소끔만 끓이세요.

07

쇠고기는 종이타월에 감싸 핏물을 뺀다.

10

우엉이 익으면 쇠고기를 조끔씩 넣어
국물에 살짝 데친 뒤 꺼낸다.

08

볼에 달걀을 푼다.

11

버섯과 양파채를 넣어 한소끔 끓이고

09

넓은 냄비에 나베 국물을 붓고 우엉채를 넣어
뚜껑을 덮고 3~4분간 끓인다.

12

데친 쇠고기와 대파를 얹은 뒤 달걀을 냄비 가장자리를
따라 끼얹는다. 달걀이 익으면 그릇에 담아낸다.

율무밥

시금치된장국

물미역 무침

삼치 구이와 물미역 무침

+ 물미역 무침 + 율무밥 + 시금치된장국

405 kcal

10 분 요리

🛒 재 료 준 비

		무엇	얼마나	특이 사항
주재료	(01)	삼치	1토막	절이지 않은 것, 10cm 길이, 임연수나 고등어로 대체 가능.
	(02)	레몬	1/8개	웨지 모양
	(03)	표고버섯	2작은술	
	(04)	소금	약간	
물미역 무침	(05)	물미역	20g	다시마로 대체 가능.
	(06)	오이	1/4개	
	(07)	양파·빨강 파프리카	1/6개씩	
	(08)	양배추 잎	1장(약 20g)	양상추로 대체 가능.
무침 양념장	(09)	물	1큰술	
	(10)	진간장·레몬즙	1작은술씩	
	(11)	국간장·꿀	1/2작은술씩	
	(12)	고추냉이	약간	

삼치는 단백질을 비롯한 각종 영양소가 풍부한 식품입니다. 삼치 구이와 궁합이 잘 맞는 물미역 무침을 함께 만들어보세요. 건강하고 맛있는 한 상 차림이 될 것입니다.

01 물미역은 물에 담가 염분을 뺀 뒤

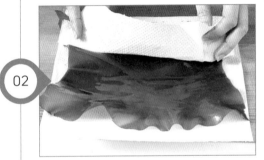

02 흐르는 물에 씻어 데친 다음 찬물에 헹궈 물기를 빼고

03 채 썬다.

04 오이와 파프리카는 물미역과 같은 크기로 채 썰고,

05 양파와 양배추도 물미역과 같은 크기로 채 썬다.

06 무침 양념장 재료를 모두 넣어 한데 섞는다.

다이어트 팁

삼치나 고등어 등의 생선은 소금에 절이지 않은 날것으로 준비합니다.

요리 팁

자칫 부숴질 수 있는 생선살은 레몬즙을 뿌려 단백질을 응고시켜 단단하게 만들어 주세요. 또 레몬즙은 생선의 비린향도 잡고 살균작용도 해 생선 요리의 밑간에 아주 유용합니다.

07

삼치는 흐르는 물에 깨끗이 씻은 뒤
종이타월에 감싸 물기를 없앤다.

10

앞뒤로 노릇하게 구워 접시에 담는다.

08

레몬을 꾹 눌러 짜면서 삼치 속살 위에 뿌리고
소금도 살짝 뿌린다.

11

채 썬 물미역과 채소에 무침 양념장을 넣어

09

팬에 포도씨유를 두르고 삼치를 올려
뚜껑을 덮은 상태로

12

고루 버무려 삼치 구이에 곁들여 낸다.

삼치 구이와 물미역 무침

율무밥

오이 초절임

미역국

콩나물의 아삭함이 오징어의 식감과 잘 어우러지는 요리

오징어콩나물 주물럭

\+ 율무밥 + 미역국 + 오이 초절임

450 kcal

13 분 요리

재 료 준 비

		무엇	얼마나	특이 사항
주재료	(01)	오징어(몸통)	1마리 분량(약 200g)	
	(02)	콩나물	1줌(약 100g)	
	(03)	양배추 잎	1장	
	(04)	낭근	1/5개(약 20g)	
	(05)	양파	1/6개	
	(06)	대파(3cm)	1토막	
	(07)	청양고추	1/2개	
	(08)	참기름	1작은술	
	(09)	통깨	약간	
양념장	(10)	고추장	1작은술	
	(11)	고춧가루	1큰술	색을 낸다.
	(12)	청주·맛술	1작은술씩	
	(13)	간장·다진 마늘	1작은술씩	
	(14)	생강즙	1/2작은술	
	(15)	소금·깨소금·후춧가루	약간씩	

오징어 특유의 단맛과
콩나물의 아삭한 식감을
함께 느껴보세요.

요 리 하 기 (● 준비 ● 조리)

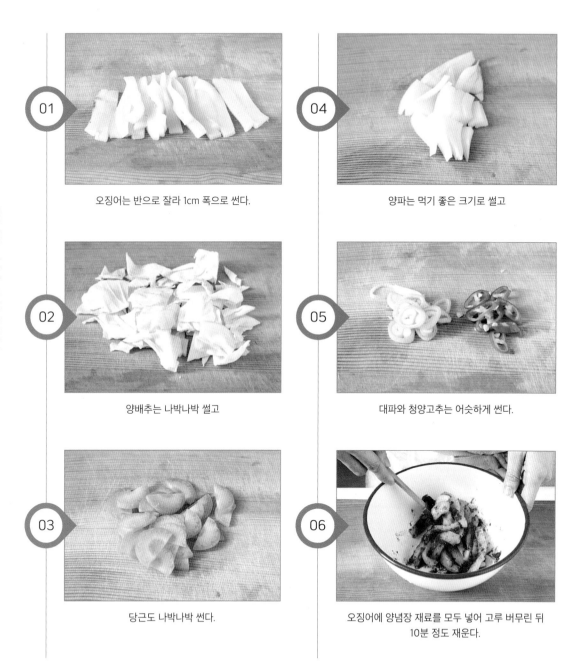

01 오징어는 반으로 잘라 1cm 폭으로 썬다.

02 양배추는 나박나박 썰고

03 당근도 나박나박 썬다.

04 양파는 먹기 좋은 크기로 썰고

05 대파와 청양고추는 어슷하게 썬다.

06 오징어에 양념장 재료를 모두 넣어 고루 버무린 뒤 10분 정도 재운다.

요리 팁

1. 넉넉하게 만들어두었다가 현미밥, 보리밥 등과 함께 볶아 볶음밥으로 만들어 먹어도 좋습니다. 2. 콩나물을 넣은 후에는 꼭 뚜껑을 닫아 콩 비린내를 잡으세요.

달군 팬에 물을 두르고 당근과 양배추를 센 불에서 볶는다.

물 2큰술과 콩나물을 넣어 고루 섞은 뒤

여기에 양파를 넣어 볶다가

뚜껑을 덮어 약한 불에서 3분가량 익힌다.

⑥의 오징어를 넣어 고루 섞으며 볶는다.

대파와 청양고추를 넣고 뒤적인 뒤 불을 끄고 참기름, 통깨를 넣어 가볍게 버무려 그릇에 담는다.

미역국

렌틸콩밥

닭갈비 같은 느낌을 주는 돼지고기 요리

돼지고기 두루치기

+ 렌틸콩밥 + 미역국

457 kcal

8 분 요리

🛒 재 료 준 비

		무엇	얼마나	특이 사항
주재료	(01)	돼지고기	80g	뒷다리살.
	(02)	깻잎	3~4장	향긋함을 더한다.
	(03)	고구마	1/2개	
	(04)	양배추 잎	1장	단맛을 더한다.
	(05)	양파	1/4개	
	(06)	포도씨유	약간	
돼지고기 밑간	(07)	청주	1큰술	
	(08)	다진 마늘	1/2작은술	
	(11)	후춧가루	약간	
양념장	(09)	고춧가루	2작은술	색을 곱게 하고 매콤함을 더한다.
	(10)	고추장·국간장·꿀·맛술	1작은술씩	
	(11)	후춧가루	약간	

흔히 먹는 반찬에 채소의 양을 늘려 조리해보세요. 포만감을 높이고 식이섬유도 충분히 섭취할 수 있습니다.

요 리 하 기 (● 준비 ● 조리)

01 돼지고기는 종이타월에 감싸 핏물을 뺀 뒤

02 먹기 좋은 크기로 썬다.

03 돼지고기에 돼지고기 밑간 재료를 모두 넣어

04 치댄 뒤 10분 정도 재운다.

05 고구마는 껍질째 깨끗이 씻어 얇게 채 썬다.

06 양배추도 채 썰고

🍳 요리 팁

수분이 부족한 채소인 고구마는 물을 넣어 수분을 보충
하며 볶아야 타지 않습니다. 양념이 들어간 뒤에는 더욱
타기 쉬우니 주의하며 물을 추가해 볶으세요.

07

양파도 채 썬다.

10

가볍게 버무린다.

08

④의 돼지고기에 양파채와 양배추채를 넣고

11

팬에 포도씨유를 살짝 두르고 고구마채를 볶다가 물 1큰술을
넣고 볶는다. 물기가 모자라면 물을 조금 추가한다.

09

양념장 재료를 모두 넣어

12

⑩의 돼지고기를 넣어 볶으면서 물 2큰술을 추가한다.
돼지고기가 익으면 그릇에 담고 깻잎을 곁들인다.

돼지고기 두루치기

미역국

연근 초절임

퀴노아밥

들깨의 고소함과 향긋함이 별미

닭가슴살순두부들깨 무침

\+ 퀴노아밥 + 미역국 + 연근 초절임

473
kcal

7
분 요리

🛒 재 료 준 비

		무엇	얼마나	특이 사항
주재료	(01)	닭가슴살	60g	
	(02)	오이	1/4개	돌기를 제거한다.
	(03)	대파	1/6대	흰 대 부분 사용.
	(04)	순두부	1/4봉지	으깬 두부로 대체 가능.
들깨소스	(05)	들깨가루	3큰술	
	(06)	저지방 우유	2큰술	
	(07)	다진 생강·다진 마늘	1/3작은술씩	
	(08)	국간장	1/2큰술	
	(09)	소금	약간	
	(10)	올리고당	1작은술	
	(11)	식초	1/2작은술	현미식초.
닭가슴살 데치는 물	(12)	다시마	1장	5×5cm 크기.
	(13)	소금	1과 1/2~2작은술	
	(14)	물	2~3컵	

칼로리는 줄이고 포만감은
높이고! 육류나 가금류로
만드는 반찬에 다양한
채소를 활용해보세요.

요 리 하 기 (● 준비 ● 조리)

01 닭가슴살은 칼등으로 가볍게 두드린다.

04 오이는 씻어 필러로 중간 중간 껍질을 벗긴 뒤
가늘게 채 썬다.

02 냄비에 닭가슴살 데치는 물 재료를 모두 넣어
한소끔 끓인 뒤

05 대파는 5cm 길이로 잘라 길게 칼집을 넣어 속에 있는
파란 부분을 꺼내고 흰 부분만 길이 방향으로 곱게 채 썬다.

03 다시마를 건지고 불을 끈 다음 닭가슴살을 넣고
뚜껑을 덮어 20분 정도 둔 뒤 꺼내 물기를 뺀다.

06 ⑤의 대파는 차가운 물에 담가 수분을 머금어
꽃처럼 피어나면 건져 물기를 뺀다.

1. 오이는 수분이 많은 씨 부분을 제거하고 채 써는 것이 좋아요. 2. 닭가슴살 데치는 물에 청주 1큰술을 넣어 데치면 닭고기 잡내를 없앨 수 있습니다.

07 순두부는 체에 밭쳐 물기를 뺀다.

10 접시에 들깨소스를 적당량 깔고 순두부를 올린다.

08 믹서에 분량의 들깨소스 재료를 모두 넣고 전체적으로 고루 섞어 부드러운 상태가 되도록 섞는다.

11 그 위에 ⑨의 닭가슴살과 오이채를 올린 뒤

09 데친 닭가슴살은 결대로 먹기 좋은 크기로 뜯어 오이채와 어우러지게 섞는다.

12 들깨소스를 고루 끼얹고 대파채를 얹어 낸다.

My diet recipe Note

My diet recipe Note

My diet recipe Note

My diet recipe Note